高强合金材料
及其可靠性预测

GAOQIANG HEJIN CAILIAO
JIQI KEKAOXING YUCE

徐 楠　姜小琛　秦广久　著

化学工业出版社
·北京·

内容简介

　　高强合金材料是国内外使用最为广泛的工程材料，基于各类高强合金材料表征的基础性数据进行可靠性预测对于提高我国重大工程中工程机械产品的可靠性具有十分重要的意义。本书详细介绍了高强合金材料涉及的可靠性设计和分析方法，重点介绍的是高强合金材料疲劳数据的参数估计和假设检验、疲劳寿命和性能的高可靠度预测等。最后提供了几种典型高强合金材料可靠性试验数据，详细阐述了本书介绍的可靠性预测方法的具体应用，以帮助读者有效、充分利用高强合金材料可靠性数据，进而提高机械产品的质量和寿命。

　　本书主要供从事高强合金材料研发、制造和选用的工程技术人员、管理人员、质量检验人员使用，也可为高等院校机械工程、车辆工程、材料工程等专业可靠性研究领域的教师、研究生提供参考。

图书在版编目（CIP）数据

　　高强合金材料及其可靠性预测/徐楠，姜小琛，秦广久著．—北京：化学工业出版社，2024.8
　　ISBN 978-7-122-45615-1

　　Ⅰ．①高…　Ⅱ．①徐…②姜…③秦…　Ⅲ．①高强度-合金-金属材料　Ⅳ．①TG14

　　中国国家版本馆 CIP 数据核字（2024）第 092075 号

责任编辑：金林茹　　　　　　　文字编辑：张　宇
责任校对：宋　玮　　　　　　　装帧设计：王晓宇

出版发行：化学工业出版社
　　　　　（北京市东城区青年湖南街 13 号　邮政编码 100011）
印　　装：北京天宇星印刷厂
710mm×1000mm　1/16　印张 7½　字数 125 千字
2024 年 7 月北京第 1 版第 1 次印刷

购书咨询：010-64518888　　　　售后服务：010-64518899
网　　址：http://www.cip.com.cn
凡购买本书，如有缺损质量问题，本社销售中心负责调换。

定　　价：79.00 元　　　　　　　　版权所有　违者必究

前言

由于工程中绝大多数机械在动载荷作用下工作，疲劳破坏问题普遍存在于各种机械产品中。与普通金属材料相比，高强合金材料对于动载荷的敏感性更高，引起其失效的载荷峰值远远低于根据静态断裂分析估算出来的所谓安全载荷，失效时征兆常常并不明显。这种突然性的失效给高强合金材料的工程应用带来很大的威胁，尤其随着机械设备向高速大型化发展，提高高强合金材料使用的可靠性越来越被重视。传统的以安全系数保障强度储备的确定性机械结构强度设计方法正逐步向可靠性设计方法演进，从而为材料的研发、设计制造和选用提供更为精确而可靠的资料。

本书详细介绍了高强合金材料涉及的多种可靠性预测方法，同时提供了几种典型高强合金材料可靠性试验数据以说明可靠性预测的应用。第1章介绍了可靠性预测以及高强合金材料表征的国内外研究现状。第2章介绍了常用的可靠性参数估计与假设检验方法，为提高疲劳试验数据的总体拟合评价效果，介绍了一种疲劳概率模型的综合评价方法。第3章针对高强合金材料的高可靠度疲劳参量推断，介绍了反映应力、应变疲劳寿命和循环应力应变关系的可靠性分析通用模型，以及基于矩法的疲劳可靠性曲线。第4、5章针对42CrMo、40Cr、2A12疲劳试验数据，介绍了可靠性预测的使用方法以及应用实例。

本书主要供从事高强合金材料研发、制造和选用的工程技术人员、管理人员、质量检验人员使用，也可为高等院校机械工程、车辆工程、材料工程等专业可靠性研究领域的教师、研究生提供参考。

在此向所引用文献的作者和为本书提供帮助的同行表示感谢。书中不足之处，恳请广大读者批评指正。

著者

目录
CONTENTS

第 1 章
绪论

1.1

可靠性设计简介

可靠性作为工程技术词汇最早出现于第一次世界大战后，主要用于分析军用单缸飞机、双缸飞机及四缸飞机的安全性，评价单位飞行时间的故障数。20 世纪 30 年代初，Walter Shewhart、Harold F. Dodge 和 Harry G. Romig 等人成功地用统计方法代替理论分析对工业产品的质量进行了评估。第二次世界大战后，工业产品的复杂程度日益提高，可靠性在航空、航天、兵器、船舶、电子、机械、冶金、建筑、石油化工等技术和工业部门被广泛应用。

在机械工程领域，可靠性主要应用在机械结构和材料的强度设计领域，尤其是机械强度疲劳设计方面。疲劳作为工程词汇用来表达材料在循环载荷作用下的损伤和破坏，日内瓦国际标准化组织（ISO）将金属疲劳描述为[1]："金属材料在应力或应变的反复作用下所发生的性能变化，在一般情况下这个术语特指那些导致开裂或破坏的性能变化"。

机械零件在变应力下工作时，疲劳失效是其主要的失效形式之一。在变应力作用下，零件的应力即使明显低于其屈服强度，也会在经受一定应力循环周期后突然断裂。这种疲劳断裂与静应力作用下的断裂在失效机理上有本质差别，计算方法也有明显不同。常规的机械强度疲劳设计建立的准则、规律及方法均为确定性分析方法，实际工程中同一类型结构在相同工况下体现出不同的效能，例如构件的疲劳失效寿命有时可相差几倍，存在很大的分散性。疲劳数据的分散性会受到内部和外部两类因素的影响。其中，内部因素包括材料的微观组织结构、结构中原始缺陷的分布；外部因素主要包括试样的制备加工过程、环境条件、外载荷的变化等。因此，疲劳寿命和材料性能常常表现出较强的不确定性。即使在控制良好的实验室条件下，承受相同的试验载荷，构件寿命和性能的随机性也很大。机械强度疲劳设计不能采用传统的安全系数保障强度储备的确定性方法，而必须向可靠性设计方法演进[2]。

可靠性大致可以分为三类：硬件可靠性、软件可靠性和人的可靠性。其中硬件可靠性分析有两种途径，即机理模型方法和统计分析方法[3]。

机理模型方法中将强度和载荷分别看作随机变量，在时刻 t，强度和载荷的分布如图 1-1（a）所示，载荷大于强度则失效，可靠度即为强度大于载荷的概率。当把载荷和强度看作时间的函数时［图 1-1（b）］，可靠度为失效时间 T 大于工作时间的概率。机理模型方法主要用来进行结构产品单元的可靠性分析，也被称为结构可靠性分析法。载荷和强度经常记作向量以说明载荷和强度的方向，在这种情况下模型和分析方法将变得非常复杂。

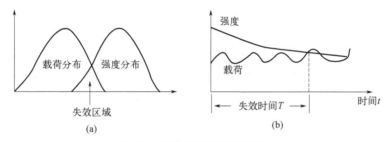

图 1-1　可靠性机理模型方法

统计分析方法主要通过分析载荷、强度、疲劳寿命的概率密度分布函数以获得可靠性。这是本书重点介绍的构件或材料可靠性分析方法。

1.2
高强合金材料国内外研究现状

我国经济正处在飞速发展期，进行大规模基础设施建设，如建设各类建筑、高速铁路、重载桥梁等都需要大量性能好、寿命长的钢材。无论过去或可预见的未来，金属一直是结构材料的主力军，在与新型材料竞争中始终处于有利地位，目前还没有任何材料能将其全面取代。从金属材料的应用趋势看，现阶段用量最大的三类钢为合金结构钢、碳素结构钢和工具钢。其中合金结构钢尤其是高强合金结构钢因其量大、应用面广、性能优良、价格便宜，具有优异的综合使用性能，广泛应用在航空、航天、车辆、舰船和精密仪器等领域。

高强合金材料是指具有高强度、高韧性、高耐蚀性、高温强度、高抗疲劳性等综合性能的金属材料，常由两种或两种以上的金属元素经过特殊的加工和热处理工艺制成。高强合金材料因其特殊的物理、化学性能和良好的力学性能，具有较高的强度、硬度和耐磨性，常用于制造高温下工作的零部件，如涡轮叶片、发动机部件、航空航天用零部件等[4-7]。在满足结构强度要求的前提下进行高强合金材料的安全性和高寿命的可靠性试验及其试验数据分析，对于满足机械关键主承力零部件高承载、长寿命、高可靠使用、抗恶劣环境等具有重要意义。本书以 42CrMo 和 40Cr 两类高强合金钢以及 2A12 高强铝合金为例进行可靠性试验数据的概率密度分布函数、参数估计、统计检验和概率模型综合评价等可靠性预测方法的介绍，希望通过使用这些方法能帮助工程设计人员更加精确合理地对高强合金材料工程零部件进行定量分析与设计，提高其可靠度预测水平。

1.3
可靠性分析的基本知识

1.3.1
疲劳失效与疲劳数据分散性

零件在疲劳失效时所承受的应力值远低于材料的抗拉强度，甚至远低于材料的屈服强度。失效过程从直观感受上具有突然性。实际上，疲劳断裂的过程一般要经历裂纹萌生、裂纹扩展和突然断裂三个阶段。材料在变应力作用下，零件的圆角、凹槽、缺口等造成应力集中，零件表面的加工痕迹、划伤、腐蚀，以及材料内部的夹杂物、微孔、晶界等都会促使零件表面或内部萌生初始裂纹，这些萌生裂纹的地方称为裂纹源。随着应力循环次数的增加，初始裂纹尖端逐渐扩展。当裂纹扩展到一定阶段，零件截面面积小到某临界值时，零件就会发生突然的脆性断裂。

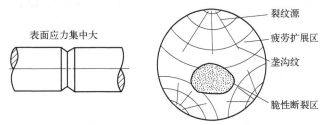

图 1-2　旋转弯曲的疲劳断口截面形貌示意图

　　疲劳断裂的断口由光滑的疲劳扩展区和粗糙的脆性断裂区组成。图 1-2 是表面应力集中较大且在旋转弯曲条件下零件疲劳断口截面形貌示意图。截面上可见三处裂纹源，由于零件在变应力下反复变形，裂纹在扩展过程中周期性地压紧和分开，使疲劳发展区呈光滑状态，以疲劳源为中心出现波纹状的同心疲劳纹，每一疲劳纹表示一次应力循环使裂纹扩展的结果。此外，自疲劳源向外呈放射性的条纹称为垄沟纹。粗糙的脆性断裂区是突然产生的，它是剩余截面静应力强度不足造成的，形貌更接近于静应力引起的断口形貌。

　　随着光学显微镜和电子显微镜的发明，人们得以深入到材料微观世界探求疲劳损伤的微观机制。研究金属疲劳的失效与疲劳裂纹研究关系密切，描述疲劳裂纹扩展速率最为著名的是 Paris 公式，即

$$da/dN = C\Delta K^m \tag{1-1}$$

　　式中，ΔK 为应力强度因子幅值；C 和 m 是材料常数。

　　Paris 公式非常适合描述满足线弹性断裂力学约束条件的所谓长裂纹的疲劳行为，该公式在疲劳研究、失效分析和寿命估算方面得到广泛应用。但是对于长度相当于材料细观组织单元尺度（如晶粒尺度）的小裂纹，或者长度虽然大于细观组织尺度但其受力条件仍超过

线弹性断裂力学所规定的限度时，疲劳裂纹行为呈现出新的特征，裂纹扩展速率不再遵循 Paris 公式的规律。长度相当于材料细观组织单元尺度的小裂纹也称为短裂纹或微裂纹。短裂纹的固有特征包括：在同样的名义驱动力下，短裂纹比长裂纹具有高得多的扩展速率；在一定范围内，短裂纹的扩展速率随裂纹长度增大而降低，裂纹长度跨越一临界值时再呈现加速扩展的趋势；短裂纹的萌生和发展明显受材料细观组织单元尺度的影响，例如晶粒大小、第二相的尺度及分布均与短裂纹扩展过程中的闭合效应、曲折效应密切相关，由此造成短裂纹疲劳行为具有很大的分散性；细观组织短裂纹可以弥散地萌生和发展，单位面积上的裂纹数随循环周次增加而增加，当裂纹密度达到一临界值时发生裂纹的汇合扩展。

根据细观疲劳研究可知，构件的疲劳破坏过程以裂纹萌生、裂纹扩展、后期断裂作为构件疲劳寿命的标志，各过程均受到必然性和偶然性协同作用控制。其中受偶然性因素强烈作用的主要是短裂纹萌生阶段，这也是金属疲劳性能具有分散性的本质原因。

1.3.2
统计学意义的可靠性数据处理

把概率论和统计学应用到机械工程中，是机械工程领域的一个重大突破。它使产品的设计更加合理、科学，使产品的可靠性指标数量化。一百多年来，人们从研究中积累了大量的试验数据并归纳出许多经验性的规律，并以此建立可靠性分析的机理模型。为了定量评价产品的可靠性指标，人们设计了各种可靠性试验，广义来说，任何与产品失效效应有关的试验都可以认为是可靠性试验。可靠性试验是研究产品可靠性的基本环节之一，也是产品可靠性预测的基础。试验的目的是通过可靠性试验，对试验结果进行统计处理，获得受试产品的真实的可靠性指标，通过对试验样品的失效分析，揭示产品的薄弱环节及其产生原因，制订相应的措施，从而提高其可靠性水平。

通过完成可靠性试验可以得到或多或少的试验数据，由于这些数据存在着一定的分散性，这就要求必须借助一定的方法进行数据统计分析。从学科知识来说，试验数据的统计分析方法可参考各类概率论与数理统计方面的文献，本节仅对涉及可靠性试验数据处理方面的相关知识进行介绍。

1.3.2.1 母体、样本和直方图

由于机械构件和材料的可靠性试验结果数据取值无法事先知道，必须待试验做完才能确定其大小，并且数值大小受到诸多偶然因素的影响，显然可靠性试验结果数据一定是"随机变量"，例如疲劳寿命、疲劳极限、疲劳载荷等都是随机变量。由于试验次数是有限的，试验数据结果也是有限个取值，这种能够一个一个列举出来的随机变量就是离散型随机变量。可靠性试验的随机变量虽然属于偶然出现的一种变量，但是随机变量的取值一定遵循某种统计学规律，这一理念成为了我们对可靠性数据分析的基础认知。

最理想的统计学研究结果是研究对象全体呈现的规律，这在数理统计学中称为母体，也称为总体。例如，要研究一批构件的疲劳寿命，母体就是这一批构件的疲劳寿命的全部数据，其中每一个构件的疲劳寿命就是一个个体。个体也是数理统计学中的概念，个体的全部就是母体。显然研究一个个的个体会逐步接近母体，但是这在试验中是非常难做到的，尤其是对于某些具有破坏性的试验来说，个体的研究只能是有限次。如果对个体进行抽取完成可靠性试验，这些被抽取的个体就称为样本或子样，其中被抽取的个体的数目称为样本容量。如果样本的数量较少，即观测数据较少时，样本也称为小子样。由于抽取样本的目的是研究母体，这就要求样本必须满足两个条件：第一，样本对于总体的代表性必须很好；第二，样本中的样本容量必须足够多。显然，小子样很难代表总体。

无论样本容量多少，试验得到的数据必须经过整理才能展现数据的规律性，所以统计分析的第一步就是处理试验数据。处理试验数据涉及概率的统计定义。

样本容量比较大时可借助直方图体现数据分布规律。例如，对一批产品进行寿命试验，各产品的失效时间由于各种偶然因素的影响，一般有长有短，但对大量试验数据进行统计分析后，发现它们是遵循

一定规律的。用数理统计的术语说,失效时间 ξ 是服从一定分布的,产品的失效时间 ξ 是一个随机变量。

表 1-1 是 110 个某零件的寿命试验数据,各零件的失效时间已按从小到大的顺序排列。

表 1-1 某零件的失效时间观测数据 (表中数据单位为 h)

160	193	245	348	414	489	514	555	589	625
662	701	758	771	782	824	850	873	921	949
1021	1056	1076	1099	1121	1148	1159	1178	1193	1237
1252	1271	1298	1316	1342	1354	1368	1373	1415	1427
1465	1470	1482	1505	1521	1538	1543	1566	1568	1576
1583	1595	1620	1633	1638	1657	1669	1675	1681	1707
1714	1723	1749	1768	1811	1822	1837	1863	1879	1910
1927	1932	1949	1967	1974	2022	2057	2062	2085	2098
2104	2139	2167	2223	2146	2265	2282	2287	2314	2329
2347	2358	2369	2374	2431	2444	2567	2659	2673	2692
2737	2788	2831	2844	2854	2862	2935	3027	3062	3100

可以看出该零件的失效时间表现出了很大的分散性,从 160h 到 3100h。为了得出该种零件的失效规律,将表 1-1 中的数据做如下处理。

① 首先对数据进行分组,根据这些数据的最小值 160 和最大值 3100,求出最大值与最小值的差数 3100−160＝2940。

② 由于样本容量比较大,将数据按一定的时间间隔分成若干个组,每组的上限到下限之间的距离称作"组距"。如果取 10 组,组距应该是 2940/10＝294。为了方便起见,可将组距取 300h。

③ 以 300 为组距,依次定出各个组的上、下限,介于各组上、下限之间的数据都按大小顺序填在该组内。

④ 每组上限和下限的中间数值称为"组中值",属于同一组的数据均以组中值为代表。组中值用 x_i 表示。

⑤ 在每一组限内,观测值出现的次数即为"频数"。所有频数的总和应等于总观测数 110。各组频数的变化规律称为"频数分布"。用 v_i 表示频数。

⑥ 为了统计分析引入"频率"的概念，即把每个组限范围内的频数分别除以总频数，因此频率也称为相对频数。频率常用 f_i 表示。

⑦ 将第 1 组到第 i 组的频率之和称为"累计频率"，常用 F_i 表示。显然累计频率必然是非降的，到最后一组等于 1。

表 1-2　某零件的失效时间观测数据的统计

组号	组限	组中值 x_i	频数 v_i	频率 f_i	累计频率 F_i
1	150～450	300	5	0.045	0.045
2	450～750	600	7	0.064	0.109
3	750～1050	900	9	0.082	0.191
4	1050～1350	1200	14	0.127	0.318
5	1350～1650	1500	20	0.182	0.5
6	1650～1950	1800	18	0.164	0.664
7	1950～2250	2100	12	0.109	0.773
8	2250～2550	2400	11	0.1	0.873
9	2550～2850	2700	8	0.073	0.946
10	2850～3150	3000	6	0.054	1
合计	—	—	110	1	—

表 1-2 列出了观测数据的波动情况，为了更加直观，一般将表中数据画成直方图的形式(图 1-3)。在横坐标轴上标明各组的组限，并

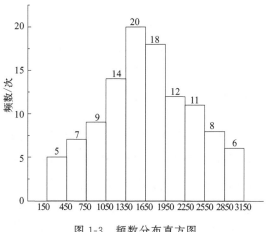

图 1-3　频数分布直方图

选定一单位面积，代表频数为 1 次，其底边等于横坐标上的组距。如第 3 组（组限 750～1050）的频数为 9 次，则在横坐标 750～1050 这个区间内，画一长方形，使其面积等于单位面积的 9 倍。以此类推，将所有组的频数都用图形面积表示。这样作出的图形称为"频数分布直方图"。

显然，频数分布直方图的总面积等于 110 个单位面积。按照类似的作图法，以长方形面积表示各组频率，还可作出"频率分布直方图"（图 1-4）。此时选定单位面积代表 1/100 的频率，频率分布直方图的总面积等于 1。从频率分布直方图可清楚地看出观测数据的波动情况。譬如，1050～1350 区间的面积（频率）为 12.7%，平均来说，表示在 100 次观测中约有 12～13 个观测值落在这个区间内。显然借助于直方图可以直观地看出数据的大致分布情况，如分布范围、集中情况以及在每个时间区间中所占的失效比例等。

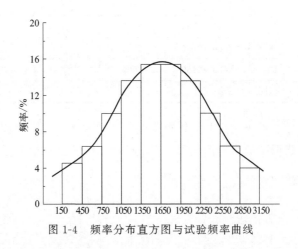

图 1-4　频率分布直方图与试验频率曲线

1.3.2.2　概率密度函数

进行统计分析时，常需要寻求一条曲线拟合直方图的外形。如果把直方图分得更细，即组数分得更多，则由于分得更细，相邻矩形的高度差缩小了，因此分布的规律看得更清楚了。若试验数据越多，且分组越细，那么相邻矩形的高度差就越小，最后直方图外形就可用一光滑曲线拟合，该曲线称为"试验频率曲线"（图 1-4）。一般说来构成直方图的研究对象尽管各有不同，但它们的试验频率曲线都具有一些共同的特性。这些特性是：

① 曲线纵坐标恒为非负值；

② 在曲线中部至少存在一高峰；

③ 曲线两端向左右延伸，直至纵坐标等于零或趋近于零；

④ 曲线与横坐标轴所包围的面积应该等于1。

利用数学分析方法，描绘试验频率曲线的数学表达式称为"理论频率函数"，在数理统计学中，理论频率函数常称为"概率密度函数"，简称"密度函数"。

"标准差"为"标准偏差"或"标准离差"的简称，它是表示观测数据分散性的一个特征值。如取 n 个观测值 x_1，x_2，$\cdots$，x_n，其平均值为 $\overline{x}$：

$$\overline{x} = \frac{1}{n}(x_1 + x_2 + \cdots + x_n) \tag{1-2}$$

每个观测值 x_i 与平均值 $\overline{x}$ 之差称作"偏差"，以符号 d_i 表示：

$$d_i = x_i - \overline{x}, \quad (i = 1, 2, \cdots, n) \tag{1-3}$$

偏差代表各观测值偏离平均值的大小。显然，各个偏差的绝对值越大，数据也就越分散。因所有偏差的总和等于零，即

$$\sum_{i=1}^{n} d_i = \sum_{i=1}^{n}(x_i - \overline{x}) = \sum_{i=1}^{n} x_i - n\overline{x} = \sum_{i=1}^{n} x_i - \sum_{i=1}^{n} x_i = 0 \tag{1-4}$$

可见这 n 个偏差只有 $(n-1)$ 个是独立的，即在 n 个偏差中有 $(n-1)$ 个确定之后，另一个可由上式的条件给出。因此，我们说，对于 n 个偏差，有 $(n-1)$ 个"自由度"。

由于偏差有的为正值，有的为负值，其总和等于零，所以，无法用偏差总和度量观测数据的分散性。根据数理统计学的研究结果，用"子样方差" s^2 作为分散性的度量。子样方差定义为

$$s^2 = \frac{\sum\limits_{i=1}^{n} d_i^2}{n-1} \tag{1-5}$$

式中，n 是观测值的个数；$(n-1)$ 是方差的自由度。将 $d_i = x_i - \overline{x}$ 代入上式，则得到子样方差的一般表达式为

$$s^2 = \frac{\sum_{i=1}^{n}(x_i - \overline{x})^2}{n-1} \tag{1-6}$$

子样方差 s^2 的平方根 s 称为"子样标准差"，即

$$s = \sqrt{\frac{\sum_{i=1}^{n}(x_i - \overline{x})^2}{n-1}} \tag{1-7}$$

在疲劳统计分析中，常常用子样标准差作为分散性的指标。s 越大，表示数据越分散；s 越小，分散性就越小。

为了便于计算，将偏差的平方和做以下变换：

$$\sum_{i=1}^{n}(x_i - \overline{x})^2 = (x_1^2 + x_2 + \cdots + x_n^2) - \frac{2}{n}(x_1 + x_2 + \cdots + x_n)^2 +$$

$$n\left[\frac{1}{n}(x_1 + x_2 + \cdots + x_n)^2\right]$$

$$= (x_1^2 + x_2 + \cdots + x_n^2) - \frac{1}{n}(x_1 + x_2 + \cdots + x_n)^2$$

即 $\displaystyle\sum_{i=1}^{n}(x_i - \overline{x})^2 = \sum_{i=1}^{n}x_i^2 - \frac{1}{n}\left(\sum_{i=1}^{n}x_i\right)^2$ 或 $\displaystyle\sum_{i=1}^{n}(x_i - \overline{x})^2 =$

$$\sum_{i=1}^{n}x_i^2 - n\overline{x}^2 \tag{1-8}$$

将上式代入子样方差和子样标准差公式，则得方差和标准差的计算公式：

$$s^2 = \frac{\sum_{i=1}^{n}x_i^2 - \frac{1}{n}\left(\sum_{i=1}^{n}x_i\right)^2}{n-1} \tag{1-9}$$

$$s = \sqrt{\frac{\sum_{i=1}^{n}x_i^2 - \frac{1}{n}\left(\sum_{i=1}^{n}x_i\right)^2}{n-1}} \tag{1-10}$$

式中，$\displaystyle\sum_{i=1}^{n}x_i^2$ 是观测值的"平方和"；$\left(\displaystyle\sum_{i=1}^{n}x_i\right)^2$ 是观测值的"和平方"。

概括说，子样标准差的性质是：

① 标准差是衡量分散性的重要指标，其数值越大，表示观测数据分散程度越大；

② 标准差恒为正值，其单位与观测值的单位相同；

③ 一组观测值可视为由母体中抽取的一个子样，所以，由观测值求出的 s 称作子样标准差，以便与后面将介绍的母体标准差有所区别。

如前所述，标准差的计算是以与平均值的偏离大小为基准的。如果两种同性质的数据的标准差一样，那么根据标准差的意义，可以知道这两组数据各个观测值偏离其平均值的程度相同。标准差只与各个观测值的偏差绝对值有关，而与各个观测值本身大小无关。例如，取两组尺寸不同的圆轴，测得它们的直径大小如表 1-3 所列。

表 1-3　两组圆轴的直径数据（表中数据单位为 mm）

第一组	10	11	12
第二组	100	101	102

第一组试件的平均直径为 11mm，标准差为：

$$s_1 = \sqrt{\frac{(10-11)^2 + 0 + (12-11)^2}{3-1}} \, \text{mm} = 1\text{mm}$$

第二组试件的平均直径为 101mm，标准差为：

$$s_2 = \sqrt{\frac{(100-101)^2 + 0 + (102-101)^2}{3-1}} \, \text{mm} = 1\text{mm}$$

由以上计算结果可知，$s_1 = s_2$。可见标准差只与偏差的绝对值有关，并未涉及观测值本身的大小。但是，从表中的数据可以直观看到，第一组各个圆轴的直径相差比较悬殊，而第二组的直径差别不大。这主要是受到圆轴直径本身大小的影响。因为第二组的圆轴直径比第一组的大得多，对于直径为 100mm 左右的圆轴，只相差 1～2mm，很难将它们分辨出来。为了消除此种影响，将标准差除以平均值 j，由此得到的特征值就称为"变异系数"或"离差系数" C_v：

$$C_v = \frac{s}{\bar{x}} \times 100\% \tag{1-11}$$

根据上式可知，第一组圆轴直径变异系数 $C_v = 9.1\%$，第二组圆轴直径变异系数 $C_v = 0.1\%$。

变异系数可作为衡量一组数据相对分散程度的指标，有时用百分数表示。变异系数是量纲为一的量。不同性质、不同单位的两组观测值的分散性，也可用它们的变异系数进行比较。

1.3.2.3　分布参数估计

在可靠性工程中，为获得随机现象的分布规律及参数，必须运用数理统计和概率论的相关知识对随机现象的试验和观测结果进行统计推断。统计推断主要包括母体参数的估计和统计假设的检验。其中母体参数的估计是指通过对实际样本的统计计算估计研究母体参数的可能取值和取值的可能范围。统计假设的检验是指以样本的观测值提供母体的概率分布并对母体分布作出假设，依据样本数据计算出统计量后对原假设是否合理进行检验。有关假设检验的内容见本书 2.2 节，下面对分布参数估计进行分析。

解决母体参数的取值和可能的取值范围有两种途径：点估计与区间估计。

（1）点估计

设母体分布函数 $F(x)$ 的未知参数为 θ，从母体中选取容量为 n 的一个子样 $x_1, x_2, \cdots, x_n$，取子样的统计量 $\hat{\theta} = \hat{\theta}(x_1, x_2, \cdots, x_n)$ 作为未知参数 θ 的估计量，称为点估计值。$\hat{\theta}$ 是样本数据的函数，是一个随机变量，当样本 $(x_1, x_2, \cdots, x_n)$ 一定时，$\hat{\theta}$ 就是一个确定的数或点。而不同的样本，由于 $x_1, x_2, \cdots, x_n$ 是随机变量，就有不同的 $\hat{\theta}$ 值。判断两个 $\hat{\theta}$ 中哪一个较接近母体参数的真值 θ，对于点估计的准则，较重要的方法是无偏估计，即 $E(\hat{\theta}) = \theta$，其中 $\hat{\theta}$ 是母体参数 θ 的无偏估计量。

设容量为 n 的子样值为 $x_1, x_2, \cdots, x_n$，随机变量母体的均值为 μ，样本均值为 $\overline{x}$。

利用数学期望的性质有

$$E(\overline{x}) = E\left(\frac{1}{n}\sum_{i=1}^{n} x_i\right) = \frac{1}{n}E\left(\sum_{i=1}^{n} x_i\right) = \frac{1}{n}\sum_{i=1}^{n} Ex_i \qquad (1\text{-}12)$$

因为对于所有的 $i = 1, 2, \cdots, n$，有 $E(x_i) = \mu$，所以上式为

$$E(\overline{x}) = \frac{1}{n}(n\mu) = \mu \qquad (1\text{-}13)$$

即子样的均值 $\overline{x}$ 是母体均值 μ 的无偏估计。

若子样的方差为 s^2，母体的方差为 σ^2，则同样利用数学期望的性质可以证明 $s^2 = \dfrac{1}{n}\sum\limits_{i=1}^{n}(x_i - \overline{x})^2$ 不是 σ^2 的无偏估计；但若 $s^2 = \dfrac{1}{n-1}\sum\limits_{i=1}^{n}(x_i - \overline{x})^2$，则 $E(s^2) = \sigma^2$，因此修正后的统计量 s^2 是母体方差 σ^2 的无偏估计。

（2）区间估计

由于点估计值只能代表母体参数的近似值，不能反映所得结果的可信程度，因此需要对母体参数所在的区间进行估计，以补偿点估计的不足。

取样本的两个统计量 $\hat{\theta}_L(x_1, x_2, \cdots, x_n)$ 和 $\hat{\theta}_U(x_1, x_2, \cdots, x_n)$，其母体的分布参数为 θ，若对于给定的某一概率 $(1-\alpha)$，满足

$$P(\hat{\theta}_L < \theta < \hat{\theta}_U) = 1 - \alpha \qquad (1\text{-}14)$$

式中，$(\hat{\theta}_L, \hat{\theta}_U)$ 称为置信区间，它表示估计结果的精确性；概率 $(1-\alpha)$ 称为置信度，表示估计结果的可信程度，其中 α 称为显著性水平。例如，要求估计值有 90% 的可信程度，即 $1-\alpha = 90\%$，而显著性水平 α 则为 10%，因此母体参数 θ 落在置信区间的概率为 $P(\hat{\theta}_L < \theta < \hat{\theta}_U) = 90\%$。

1.3.2.4　回归分析

变量之间的关系一般来说可分为确定性的与非确定性的两类。确定性关系的特点是变量间的关系可以用函数来表达，非确定性关系则不能用普通的函数关系来表达。这种非确定的关系称为相关关系。

回归分析是研究变量之间相关关系的一种方法，是统计推断理论在相关关系研究中的应用，它有助于对观测与试验的数据进行拟合，估计分布参数及预测和控制这些参数。

假设在观测或试验中得到两个变量 X 与 Y，共 n 对数据：

$$(x_1, y_1), (x_2, y_2), \cdots, (x_n, y_n)$$

将这些数据表示在平面 x-y 坐标系上，显然这些数据点是散乱

的，并无确定的函数关系。根据这些数据点的散布趋势，可以作一条直线来拟合这些数据，见图 1-5。该直线称为回归直线，其方程 $\hat{y} = a + bx$ 称为回归方程。其中 $\hat{y}$ 为预测值，a、b 称为回归系数，是未知的实数。对于每一个 x_i，回归方程所确定的一个预测值 $\hat{y}$ 与实际观测值 y_i 总是存在误差。人们所选择的直线能使每个数据到直线的差距越小越好，这个差距用什么来度量呢？按照最小二乘法原理，拟合直线最佳的准则可以是使各数据点 (x_i, y_i) 沿 y 轴方向到直线的距离 e_i 平方和最小，其表达式为

$$Q = \sum_{i=1}^{n} e_i^2 = \sum_{i=1}^{n} (y_i - \hat{y}_i)^2 = \sum_{i=1}^{n} (y_i - a - bx_i)^2 \quad (1\text{-}15)$$

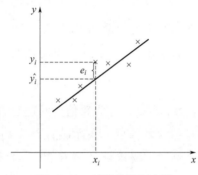

图 1-5 一元线性回归直线

为了确定能使得 Q 达到最小值的 $\hat{a}$ 和 $\hat{b}$，取

$$\begin{cases} \dfrac{\partial Q}{\partial a} = -2 \sum_{i=1}^{n} (y_i - a - bx_i) = 0 \\ \dfrac{\partial Q}{\partial b} = -2 \sum_{i=1}^{n} (y_i - a - bx_i)x_i = 0 \end{cases} \quad (1\text{-}16)$$

将两式联立求解，可推导出 $\hat{a}$ 和 $\hat{b}$ 分别为

$$\begin{cases} \hat{a} = \dfrac{1}{n} \sum_{i=1}^{n} y_i - \dfrac{b}{n} \sum_{i=1}^{n} x_i = \overline{y} - b\overline{x} \\ \hat{b} = \dfrac{\displaystyle\sum_{i=1}^{n} (x_i - \overline{x})(y_i - \overline{y}_i)}{\displaystyle\sum_{i=1}^{n} (x_i - \overline{x})^2} \end{cases} \quad (1\text{-}17)$$

式中，$\hat{a}$ 和 $\hat{b}$ 称为回归系数 a 和 b 的最小二乘估计，它们都是有量纲的量，a 的量纲与 y 相同，b 的量纲是 y/x。

以上为一元线性回归，多元线性回归也可用最小二乘法类推出多元线性回归方程和回归系数。当为非线性回归时，可通过对变量做适当变换以化为线性回归问题来处理。例如，以指数分布为例，

$$y = A\mathrm{e}^{bx} \tag{1-18}$$

两边取对数得

$$\ln y = \ln A + bx \tag{1-19}$$

令 $y' = \ln y$，$a = \ln A$ 得

$$y' = a + bx \tag{1-20}$$

上式为一线性方程，可用上述的一元线性回归方法进行数据处理。

在回归分析中，当给定一个变量时，要计另一变量的取值，这种线性预估的精度取决于两个变量之间的相关系数。这时从 n 对 (x_i, y_i) 的数据中得到子样的相关系数为

$$\hat{\rho} = \frac{\sum\limits_{i=1}^{n}(x_i - \overline{x})(y_i - \overline{y})}{\left[\sum\limits_{i=1}^{n}(x_i - \overline{x})^2 \sum\limits_{i=1}^{n}(y_i - \overline{y})^2\right]^{\frac{1}{2}}} \tag{1-21}$$

$\hat{\rho}$ 可作为母体相关系数 ρ 的估计值，它是一个没有量纲的量，其范围为 $-1 \leqslant \rho \leqslant 1$。当 $\hat{\rho}$ 接近 -1 或 1，就意味着变量 X 和 Y 具有很强的线性关系，线性回归分析就可用来求出其回归方程和回归系数；当 $\hat{\rho} \approx 0$，就表示两变量间不存在线性关系。对于多元随机变量的情况，任意两个变量之间的相关关系，其相关系数的表达式不变。

1.3.3
疲劳寿命曲线和疲劳性能曲线

1.3.3.1　应力的分类及疲劳特性参数

应力分为静应力和变应力两大类，其中变应力又分为稳定循环变应力和非稳定循环变应力两类。工程中常见的几种稳定循环变应力有对称循环变应力、脉动循环变应力、非对称循环变应力。常见的非稳

定循环变应力有规律性非稳定变应力和随机性非稳定变应力。应力分类、图例及特点见表1-4。

表 1-4　应力分类、图例及特点

类型	图例	应力特点和应用
静应力		应力值保持不变或变化非常缓慢
对称循环变应力		最大应力 σ_{max} 和最小应力 σ_{min} 的绝对值相等而符号相反，即 $\sigma_{max}=-\sigma_{min}$。例如，转动的轴上作用一方向不变的径向力，则轴上各点的弯曲应力都属于对称循环应力
脉动循环变应力		最小应力 $\sigma_{min}=0$。例如，齿轮轮齿单侧工作时的齿根弯曲应力属于脉动循环应力
非对称循环变应力		最大应力 σ_{max} 和最小应力 σ_{min} 的绝对值不相等，这种应力在一次循环中 σ_{max} 和 σ_{min} 可以具有相同的符号（正或负）或不同的符号
规律性非稳定变应力		应力按一定规律周期性变化，且变化幅度也是按一定规律周期性变化。例如专用机床的主轴
随机性非稳定变应力		应力的变化不呈周期性，而带偶然性。例如作用在汽车行驶系上的零件。计算时应根据大量试验得出载荷及应力的统计分布规律，然后应用统计疲劳强度方法来处理

变应力的特征参数及其关系为

$$\left.\begin{array}{l}\sigma_{max}=\sigma_m+\sigma_a\\\sigma_{min}=\sigma_m-\sigma_a\end{array}\right\} \tag{1-22}$$

$$\left.\begin{aligned} \sigma_m &= \frac{\sigma_{\max} + \sigma_{\min}}{2} \\ \sigma_a &= \frac{\sigma_{\max} - \sigma_{\min}}{2} \end{aligned}\right\} \tag{1-23}$$

$$r = \frac{\sigma_{\min}}{\sigma_{\max}} \tag{1-24}$$

式中，σ_m 为平均应力；σ_a 为应力幅；r 为循环特性（应力比）。

构件和材料的疲劳特性通常用三个参数描述，应力循环次数 N、最大应力 $S_{\max}$（或应力幅值 $\Delta\sigma$）、应力比 r。

① 应力循环次数 N：用来描述在疲劳循环加载下机械零部件及常用金属材料疲劳破坏的应力循环次数或应变循环次数，也称为疲劳寿命。

② 最大应力 $S_{\max}$ 或应力幅值 $\Delta\sigma$：稳定循环变应力下的最大应力也称为应力水平，在著名的应力-寿命曲线（S-N 曲线）和概率-应力-寿命曲线（P-S-N 曲线）中的 S 一般为最大应力，S-N 曲线描述高周疲劳时机械零部件和材料应力与应力循环次数的关系，设计对象主要是在低幅交变应力作用下以弹性形变为主的所谓"长寿命"构件。有些零件在启动、加速或减速的过程中，各种瞬间机械应力叠加在一起，致使零件中应力集中或最大应力部位进入塑性应变范围。因此尽管从整体上说材料仍处于弹性范围，但局部材料却已进入塑性应变而成为控制材料疲劳行为的主要因素。工程中常用稳定循环应力-应变曲线（循环稳定迟滞回线）描述在循环载荷下弹性极限降低的"循环软化"现象，利用稳定循环应力-应变曲线可以获得循环应变硬化指数和循环强度系数等。

③ 应力比 r：稳定循环变应力下的最小应力与最大应力的比值，有时也和最大应力一起称为应力水平。

1.3.3.2 疲劳寿命曲线

疲劳曲线（S-N 曲线）是在一定循环特性 r 下，由材料疲劳试验得到的疲劳极限应力（通常以最大应力 $S_{\max}$ 表征）与循环次数 N 的关系曲线。其中循环特性 r 通常取 $r=-1$ 或 $r=0$。典型的疲劳曲线如图 1-6 所示。

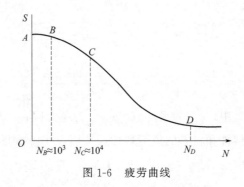

图 1-6　疲劳曲线

在循环次数约为 10^3 以前，使材料试件发生破坏的最大应力值基本不变，或者说下降得很小，因此应力循环次数 $N \leqslant 10^3$ 时的变应力值较大，其强度计算可按照静应力强度计算方法。当循环次数在 $10^3 \sim 10^4$ 区间内，此时使材料发生疲劳破坏的最大应力有所下降，但应力值依然较大（甚至接近屈服强度），材料断口出现局部的塑性变形。由于这一阶段的应力循环次数相对很少，因此其被称为低周疲劳。例如飞机起落架、炮筒、压力容器、压力管道等领域的疲劳问题通常属于低周疲劳。但对绝大多数通用零件来说，其承受变应力不够大，因此应力循环次数总是大于 10^4 的，被称为高周疲劳。高周疲劳在图 1-6 中为 $10^4 \sim N_0$ 区间（N_0 称为循环基数，对于多数工程材料来说，N_0 大致在 $10^6 \sim 25 \times 10^7$ 之间）。循环次数低于 N_0 的统称为有限寿命区，高于 N_0 的称为无限寿命区。实际上，所谓“无限”寿命是指零件承受的变应力水平很低时，循环基数 N_0 太大而难以测得，并不是说零件永远不会产生破坏。绝大多数通用零件处于高周疲劳范畴。

1.3.3.3　疲劳性能曲线

金属材料在使用过程中其内部损伤状态会随疲劳过程不断发生变化。材料微观缺陷的萌生和扩展造成了材料性能劣化，如位错组态等，最终造成材料的变形行为发生改变，即材料发生硬化或软化的性能变化。从疲劳破坏的宏微观机制看，金属的疲劳破坏是局部损伤区域内损伤累积的结果，损伤区域大致在几个晶粒范围内，这个区域是低周疲劳区。当金属所受疲劳应力接近或略微超过材料的屈服极限时，处于低周疲劳阶段的材料在每一次应力-应变循环中均有一定量的塑性变形，显然这个局部的损伤区进入了塑性阶段。

对于单轴拉压低周疲劳最为著名的是Manson 和 Coffin 的研究，多年以来有关应变疲劳寿命曲线估算式应用最广泛的是Coffin-Manson 估算式。Manson 和 Coffin 的研究表明，恒应变幅下并不总是存在真正稳定的循环应力幅，循环应力幅还会受到加载历史的影响，恒应变幅下应力的响应不仅与塑性应变和损伤有关，而且还受由循环引起的硬化影响。由此考虑损伤和硬化影响的循环应力-塑性应变关系可用循环稳定迟滞回线（图 1-7）表示。

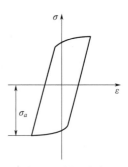

图 1-7　循环稳定
迟滞回线

基于循环稳定迟滞回线确定了 Coffin-Manson 公式，以塑性应变作为损伤参量对于许多金属材料的单轴拉压的低周疲劳行为可以给出令人满意的结果。

第 2 章
可靠性参数估计与假设检验方法

2.1

可靠性概率模型的参数估计

高强材料疲劳失效数据分析的第一步是确定数据的分布类型，即概率模型。一般说来，概率模型含有的待定参数越多，对试验数据点的拟合效果越好。然而越复杂的概率模型其参数估计和检验越困难，需要分析函数形式较复杂的疲劳概率模型特点，用合适的参数估计和统计检验方法分析试验数据点以提高数据描述和拟合的精确性，具有重要且实际的工程价值。

以材料疲劳的可靠性分析为例，目前针对概率模型，求解方法大致可分为解析法和图形估计法。如常用的极大似然法、贝叶斯法和线性回归法[8-9]等均属于解析法，由于解析法采用数值方法求解非线性方程组，估计结果较为精确，只是有时方程组的解不能收敛；图形估计法显然不会受到解的收敛性方面的困扰，但对于复杂概率模型而言，作图过程要求拟合数据点的渐近线及其斜率，估计结果强烈地受到使用者的主观影响，有时反复试凑得到的结果仍难以理想，因而限制了图形估计法的应用。此外，目前常用的统计检验方法如 U-检验、t-检验、χ^2-检验[10]等，针对的是正态分布族，其他概率模型分布的检验方法在可靠性分析中仍处于相对滞后的阶段。

通过对结构钢、铝合金等材料的疲劳试验结果进行分析可知，疲劳性能和疲劳寿命描述的常用概率模型有正态分布、对数正态分布、Weibull 分布、指数分布等[2,11]。工程实际应用时对于相同的疲劳试验结果常常出现多个概率模型都能通过检验的情况，实际上各概率模型对疲劳参量的预测能力显然存在差异。为此，本章将进行疲劳参量随机数据的统计模型分析，从而为进行简单零部件疲劳寿命统计和获得材料疲劳性能可靠性曲线奠定基础。

大量重复性试验和统计数据分散性是疲劳可靠性概率统计的事实基础。理论上当重复性试验得到的观测数据持续增加时，试验频率曲线最终达到持久的稳定性，这种稳定性曲线代表了此类试验观测数据的母体特性，可以用概率分布函数或概率密度函数表述。虽然实际的试验次数有限，不可能进行无限次观测，但只要设想可能存在无限多个样本观测值，那么无论这些样本观测值能否一一被观测到，代表母体特性的概率分布函数或概率密度函数总是客观存在的。可靠性预测可以看作从分析对象全体中抽取一部分进行试验以取得信息，从而对母体做出推断。实际推断过程存在两种情况：其一，随机试验观测值的母体所服从的概率模型情况完全未知；其二，由于某些经验而知道其概率模型，但不知其概率模型中所含参数值。针对第一种情况，常采用穷举法，即将样本观测值代入各常用概率模型中检验，借助某种统计检验标准确定较优概率模型；第二种情况是数理统计学的"参数估计"问题，即利用已知信息确定分布族的某个具体分布。

2.1.1

可靠度估计量

对于某一分布的母体，从中抽取一个大小为 n 的子样，得到 n 个样本观测值，将它们按大小顺序排列如下：

$$x_1 < x_2 < \cdots < x_{i-1} < x_i < \cdots < x_n$$

式中，i 为观测值由小到大按照顺序排列的序数。

如已知该母体的概率密度函数为 $f(x)$，则第 i 个观测值 x_i 的破坏率 $F(x_i)$（分布函数）即可确定。由于无论被抽到的母体服从何种概率模型函数，x_i 的破坏率数学期望与可靠度数学期望都是一定的，工程上把这一可靠度的数学期望作为母体可靠度的估计量。

对分布概率模型进行参数估计，可应用以下两种可靠度估计量：

① 平均秩： $$\hat{p}_i = 1 - \frac{i}{n+1} \tag{2-1}$$

式中，$\hat{p}$ 为可靠度估计量。

无论被抽样母体为何种分布，无论子样样本容量大小如何，母体可靠度估计量均可用平均秩表示。本书中多数情况使用平均秩作为母体可靠度估计量。

② 中位秩：
$$\hat{p}_i = 1 - \frac{i-0.3}{n+0.4} \tag{2-2}$$

当试验数据为有限数据时，一般采用中位秩作为母体可靠度估计量，并且中位秩较平均秩偏安全一些。

2.1.2
常用可靠性概率模型分布函数及其线性回归方程

从更广泛的意义上说，任一统计分布概率模型的参数估计问题可做如下描述：

设 ξ_1, ξ_2, …, ξ_n 是取自母体的一个样本，构造一个统计量 $\eta = u(\xi_1, \xi_2, \cdots, \xi_n)$ 作为参数 θ 的估计。若 $(x_1, x_2, \cdots, x_n)$ 是样本 $(\xi_1, \xi_2, \cdots, \xi_n)$ 的一组观测值，则 $y = u(x_1, x_2, \cdots, x_n)$ 就是 θ 的一个点估计值。如果分布族中含有 k 个未知参数，则一族概率模型函数表示为

$$f(x; \theta_1, \cdots, \theta_k) : (\theta_1, \cdots, \theta_k) \in \boldsymbol{\Theta} \tag{2-3}$$

最常用的疲劳可靠性概率分布函数，包括正态分布函数（normal distribution，ND），指数分布函数（exponential distribution，ED），Weibull 分布函数（Weibull distribution，WD）等。为了能以一致的辨别标准对各种概率模型函数进行评价，需要建立各概率模型统一的线性回归表达式，方法是对各概率模型函数等式两边取对数得到线性方程，由此就可以进一步地对疲劳概率模型进行参数估计和统计检验分析。

2.1.2.1 正态分布及其线性回归方程

多年来对各种机械零件及材料的特征参数，如零件尺寸、材料性能、化学成分、测量误差等进行大量统计分析表明，这些分析对象做出的试验频率曲线大多具有正态分布特征，因而正态分布（ND）成为疲劳可靠性分析中最重要的一个理论频率分布。由概率论的中心极

限定理可知，当研究对象的随机性是由许多互相独立的随机因素之和所引起，而其中每一个随机因素对于总和影响极小时，这类问题都可认为服从正态分布，因此，正态分布应用较广。

正态变量的累积分布概率密度函数式为

$$F(x) = \frac{1}{\sigma\sqrt{2\pi}} \int_{-\infty}^{x} \exp\left[-\frac{(x-\mu)^2}{2\sigma^2}\right] = \Phi\left(\frac{x-\mu}{\sigma}\right) \qquad (2\text{-}4)$$

式中　x——随机变量，可以是寿命、载荷、应力等；

　$\Phi(\cdot)$——标准正态分布函数；

　　μ——正态分布的母体平均值；

　　σ——正态分布的母体标准差。

正态分布是一种对称的分布，随机变量的取值是从$-\infty$到$+\infty$，其参数平均值μ决定正态分布曲线的位置，代表随机变量分布的集中趋近的数值；而标准差σ决定正态分布的形状，代表随机变量分布的离散程度。

将式(2-4)转换为线性回归方程$Y = A + BX$的形式，即

$$\Phi^{-1}(F(x)) = -\frac{\mu}{\sigma} + \frac{1}{\sigma}x \qquad (2\text{-}5)$$

式中，$Y = \Phi^{-1}(F(x))$，$X = x$，$A = -\dfrac{\mu}{\sigma}$，$B = \dfrac{1}{\sigma}$。

对于机械零部件的可靠性试验数据来说，试验频率曲线有时不是对称的，而是倾斜的，因此正态分布具有局限性。假如随机变量的自然对数服从正态分布，就称随机变量服从对数正态分布。对数正态分布是描述不对称随机变量的一种常用的分布，材料的疲劳强度和寿命、系统的修复时间等都可用对数正态分布拟合。

对数正态分布（lognormal distribution，LND）也是疲劳可靠性试验数据分析中的一类重要分布函数，对数正态变量的累积分布概率密度函数为

$$F(x) = \frac{1}{\sigma\sqrt{2\pi}} \int_{-\infty}^{x} \exp\left[-\frac{(\lg x-\mu)^2}{2\sigma^2}\right] = \Phi\left(\frac{\lg x-\mu}{\sigma}\right) \qquad (2\text{-}6)$$

对数正态分布的随机变量取值总是大于零，其概率密度函数$F(x)$向右倾斜。

若转化为线性回归方程形式则有

$$\Phi^{-1}(F(x)) = -\frac{\mu}{\sigma} + \frac{1}{\sigma}\lg x \qquad (2-7)$$

式中，$Y = \Phi^{-1}(F(x))$，$X = \lg x$，$A = -\frac{\mu}{\sigma}$，$B = \frac{1}{\sigma}$。

根据式（2-5）和式（2-7）可知，LND 的概率模型函数只是将分析对象的各参量取成对数形式，其参数估计和假设检验方法与 ND 一致。

2.1.2.2　指数分布及其线性回归方程

对于某些独立无关的随机过程，通常采用指数分布的累积分布概率密度函数，公式为

$$F(x) = 1 - \exp(-\lambda x) \qquad (2-8)$$

式中　λ——指数分布系数。

在零部件可靠性分析中指数分布仅适用于失效率为常数的偶然失效期。

与正态分布类似，将等式两边取对数，将式（2-8）转换成线性回归形式为

$$\ln\left[\frac{1}{1-F(x)}\right] = \lambda x \qquad (2-9)$$

式中，$Y = \ln\left[\dfrac{1}{1-F(x)}\right]$，$X = x$，$A = 0$，$B = \lambda$

2.1.2.3　威布尔分布及其线性回归方程

威布尔（Weibull）分布是一种适应性很强的分布，轴承、齿轮的疲劳可靠性分析中利用 Weibull 分布概率模型处理，常常会得到满意的结果，在机械零部件可靠性分析中威布尔分布获得广泛的应用。由于 Weibull 概率密度函数的数学形式较繁，因此它在一些统计推断方面受到限制。通常 Weibull 分布概率模型分为三参数 Weibull（three-parameter Weibull distribution，3-PWD）和两参数 Weibull（two-parameter Weibull distribution，2-PWD）两种形式。

三参数 Weibull 变量的累积分布概率密度函数式为

$$F(x)=1-\exp\left[-\left(\frac{x-\gamma}{\eta}\right)^{\beta}\right] \tag{2-10}$$

式中，γ、η、β 分别为 Weibull 分布的位置、尺度、形状参数。

在 Weibull 分布中，形状参数 β 影响分布曲线的形状，如果应用 Weibull 概率纸，把随机变量和相应的 $F(x)$ 在 Weibull 概率纸上描点时，可得出以不同 β 为斜率的直线，所以形状参数 β 也称 Weibull 斜率。它是三个参数中最重要的具有实质意义的参数。位置参数 γ 仅改变曲线起点的位置，曲线的形状不变。当随机变量为零件寿命时，γ 表示开始发生失效的时间 t，即 $t=\gamma$ 之前发生失效的概率为零，因此 γ 也称为最小寿命。尺度参数 η 影响分布曲线的离散程度，即起始点相同（γ 不变），分布曲线形状相似（β 不变），η 不同则曲线在横坐标轴方向上离散程度不同。若 $\beta=1$、$\gamma=0$，则 Weibull 分布为指数分布；当 $2.7 \leqslant \beta \leqslant 3.7$ 时，Weibull 分布与正态分布非常近似；当 $\beta=3.313$ 时，Weibull 分布为正态分布。许多分布都可以看作是 Weibull 分布的特例，由于它具有广泛的适应性，因而许多随机现象，如寿命、强度、磨损等，都可以用 Weibull 分布来拟合。

等式两边两次取对数得到线性回归方程：

$$\text{lnln}\left[\frac{1}{1-F(x)}\right]=\beta\ln(x-\gamma)-\beta\ln\eta \tag{2-11}$$

式中，$Y=\text{lnln}\left[\dfrac{1}{1-F(x)}\right]$，$X=\ln(x-\gamma)$，$A=-\beta\ln\eta$，$B=\beta$。

两参数 Weibull 中的位置参数为 0，因此可看作 3-PWD 的特例，其累积分布概率密度函数式：

$$F(x)=1-\exp\left[-\left(\frac{x}{\eta}\right)^{\beta}\right] \tag{2-12}$$

转换为线性回归方程：

$$\text{lnln}\left[\frac{1}{1-F(x)}\right]=\beta\ln x-\beta\ln\eta \tag{2-13}$$

式中，$Y=\text{lnln}\left[\dfrac{1}{1-F(x)}\right]$，$X=\ln x$，$A=-\beta\ln\eta$，$B=\beta$。

根据以上分析，ND、LND、ED 和 2-PWD 的线性回归方程的系

数 A、B 可由疲劳参量及其可靠度估计量按照最小二乘法直接拟合得到，但用这种方法不能解决 3-PWD 的参数估计问题，因此有必要对这一问题进行更深入的分析。

2.1.3
可靠性概率模型二项式系数拟合方法

在常用的疲劳概率模型中，某些复杂概率模型包含了对疲劳参量"偏移"的修正系数，因而大大增加了概率模型求解的难度。以 3-PWD 分布为例，其可靠度的累积分布函数包含了修正参数，这大大降低了图形估计法的求解精度，也使得解析法的解有时不能收敛。针对以上问题，受蒋仁言[12] 设计的三参数估计模型的启发，结合图形估计法和解析法，发展了新的复杂疲劳概率模型参数估计方法——疲劳概率模型二项式系数拟合方法。

根据 Weibull 分布概率图纸的构造原理，将分布函数式（2-10）等式两边两次取对数可得线性方程式（2-11），由于 $P(x)=1-F(x)$，令 $y=\ln\ln\left[\dfrac{1}{1-F(x)}\right]=\ln\ln\left[\dfrac{1}{P(x)}\right]$，则

$$y=\beta\ln(x-\gamma)-\beta\ln\eta \tag{2-14}$$

分析新的 x-y 坐标系下的概率模型曲线。令 $y=0$，得到曲线与 x 轴的交点，显然交点处的 x 坐标为

$$x=\gamma+\eta \tag{2-15}$$

将这个交点记为 $P_0(\gamma+\eta,0)$。P_0 点处有 $y=\ln\ln(1/\hat{p})=0$，即 $\hat{p}=\mathrm{e}^{-1}=36.8\%$，由此可知位置参数 γ 和尺度参数 η 之和与 36.8% 可靠度时的疲劳参量数值相等。对于一组经排序的疲劳参量观测值 $x_i(i=1,2,\cdots,n)$，取平均秩或中位秩的母体可靠度估计量代入 $y=\ln\left\{\ln\left[\dfrac{1}{\hat{P}(x_i)}\right]\right\}$，得到一组疲劳寿命试验数据 (x_i,y_i)。将 (x_i,y_i) 描点得到一系列的数据点，取出与 x 轴的交点 P_0，其横坐标即为 $(\gamma+\eta)$，令 $\hat{M}_0=\gamma+\eta$。根据以上分析，可直接由线性插值法或

作图法求得 $\ln\ln(1/\hat{P})=0$ 时的 $\hat{M}_0$，显然估计量 $\hat{M}_0$ 是较为精确的。

进一步的参数估计基于 $\hat{M}_0$ 展开，首先将 γ 表示成 $\hat{M}_0$ 和 η 的函数形式：

$$\gamma=\hat{M}_0-\eta \tag{2-16}$$

代入 3-PWD 函数式得

$$P(x)=\exp\left[-\left(\frac{x-\hat{M}_0+\eta}{\eta}\right)^{\beta}\right]-\ln P(x)=\left(\frac{x-\hat{M}_0+\eta}{\eta}\right)^{\beta}$$

$$=\left(1+\frac{x-\hat{M}_0}{\eta}\right)^{\beta} \tag{2-17}$$

当 $\left|\dfrac{x-\hat{M}_0}{\eta}\right|<1$ 时，式(2-17) 右边可按牛顿二项式展开，取前 4 项为

$$-\ln P(x)\approx 1+\beta\left(\frac{x-\hat{M}_0}{\eta}\right)+\frac{\beta(\beta-1)}{2}\left(\frac{x-\hat{M}_0}{\eta}\right)^{2}+$$

$$\frac{\beta(\beta-1)(\beta-2)}{6}\left(\frac{x-\hat{M}_0}{\eta}\right)^{3} \tag{2-18}$$

若令 $Y=-\ln P(x)$，$X=x-\hat{M}_0$，$A=\dfrac{\beta}{\eta}$，$B=\dfrac{\beta(\beta-1)}{2\eta^{2}}$。

将 X、Y 代入式(2-18)，拟合各项系数，只取前三项（即系数 A、B），可保证足够精度。求得 A、B 点估计值后，由式(2-19) 可分别求 $\hat{\beta}$、$\hat{\eta}$、$\hat{\gamma}$ 的估计值。

$$\hat{\beta}=\frac{1}{1-\dfrac{2B}{A^{2}}}，\hat{\eta}=\frac{\hat{\beta}}{A}，\hat{\gamma}=\hat{M}_0-\hat{\eta} \tag{2-19}$$

经过以上的求解过程，复杂概率模型中的指数形式及其经偏移的底可经牛顿二项式展开而消除，从而可拟合三次方程求解。该方法求解的精确性仅受 $\hat{M}_0$ 估计的精确性影响，显然比延长曲线求斜率的方法要精确得多；拟合三次方程必定可得系数点估计值，因此较之解析法也有一定优势。

2.2
不依赖分布形式的可靠性概率模型假设检验

根据子样随机变量观测值对母体的分布类型进行推断后，得到拟合母体的分布函数或概率密度函数，但并未指出控制参数估计"犯错误"的概率，因此需进行显著性检验。疲劳可靠性分析中常用的 U-检验等方法仅适用于简单概率模型，而复杂概率模型的假设检验研究仍相对滞后。为此，引入非参数统计方法以解决这一难题，并推广其应用于疲劳可靠性设计中。

非参数统计的显著性假设检验[9] 常用 Pearson χ^2-拟合检验法和 Колмогоров D_n-拟合检验法。χ^2-拟合检验适用于大样本离散型和连续型母体分布，在目前机械疲劳可靠性设计中难以广泛应用。D_n-拟合检验仅要求母体分布必须假定为连续，因此将 D_n-拟合检验用于疲劳可靠性设计在理论上是可行的。

根据 Glivenko 定理，当 $n \rightarrow \infty$ 时，以频率 1 子样经验分布函数 $F_n(x)$ 一致地收敛于母体分布 $F(x)$。反映经验分布 $F_n(x)$ 与假设的母体分布 $F(x)$ 的偏差量可以有多种方法，如由 Колмогоров 提出的不依赖于母体的统计量为

$$D_n = \sup_x \left| F_n(x) - F(x) \right| \tag{2-20}$$

式中　D_n——Колмогоров 距离，反映了经验分布与理论母体分布的偏离程度。

得到样本观察值 x_i，可算出每一个观测值 x_i 对应的经验分布函数 $F_n(x_i)$ 与理论分布函数 $F(x_i)$ 差的绝对值，即

$$\left| F_n(x_i) - F(x_i) \right| \quad \text{与} \quad \left| F_n(x_{i+1}) - F(x_i) \right|$$

以及统计量的值

$$D_n = \sup_x \left| F_n(x) - F(x) \right|$$

$$= \sup_x \{ |F_n(x_i) - F(x_i)|, |F_n(x_{i+1}) - F(x_i)|, i = 1, 2, \cdots, n \}$$

$$(2\text{-}21)$$

根据给定的显著性水平 $\alpha \in (0,1)$，由 Колмогоров 检验的临界值表查出

$$P(D_n \geqslant D_{n,\alpha}) = \alpha \qquad (2\text{-}22)$$

的临界值 $D_{n,\alpha}$。当 $D_n < D_{n,\alpha}$ 时，则通过检验，认为理论分布函数与子样数据拟合得好。

下面以一组疲劳失效寿命数据（表 2-1）作为新的复杂概率模型参数估计和假设检验方法的应用实例，该实例数据来源于文献 [2,12]。该文献中提出了一种用于三参数 Weibull 模型的参数估计方法，通过对表 2-1 中的数据列拟合得到 3-PWD 的各参数估计值。然而文献 [12] 中的方法要求人为剔除某些"偏离"点，其中某些被剔除点位于可靠度中值左右。从疲劳试验观测值估计定义看，位于可靠度中值的观测值是最接近母体真值的关键点，剔除这些点仅仅是数学处理上的需要，但对概率模型的参数估计是不利的，尤其对于较小样本，剔除部分点后可能使估计无法进行。根据表 2-1 的数据列初步说明本文中参数估计的应用方法，其中可靠度估计量采用中位秩式(2-2)估计，中位秩结果也列入表 2-1。

表 2-1　Weibull 分布数据列及其可靠度估计量

序号 i	1	2	3	4	5	6	7	8	9	10
数据列 $x_i/(\times 10^5)$	17.8	21.3	23.8	25.9	27.4	29.4	30.6	32.3	33.5	34.9
可靠度估计量 $\hat{P}(x_i)/\%$	96.57	91.67	86.77	81.86	76.96	72.06	67.16	62.26	57.35	52.45
序号 i	11	12	13	14	15	16	17	18	19	20
数据列 $x_i/(\times 10^5)$	36.6	38.5	39.7	41.2	43.4	44.5	47.0	48.8	52.5	61.4
可靠度估计量 $\hat{P}(x_i)/\%$	47.55	42.65	37.75	32.84	27.94	23.04	18.14	13.24	8.33	3.43

根据表 2-1 的疲劳寿命及其可靠度估计量，由线性插值法得 $\hat{M}_0$

的估计量，即 $\hat{M}_0 = 40.0$。将疲劳寿命 x_i 和可靠度估计量 $\hat{P}(x_i)$ 转换为 $[x_i - \hat{M}_0, -\ln\hat{P}(x_i)]$ 并代入式（2-18），得点估计值 $\hat{A} = 0.0815$、$\hat{B} = 0.0019$，进而得 $\hat{\beta}$、$\hat{\eta}$、$\hat{\gamma}$ 的估计值：

$$\hat{\beta} = 2.3, \quad \hat{\eta} = 28.7, \quad \hat{\gamma} = 11.3$$

因估计值与母体真值（$\hat{\beta} = 2.5$，$\hat{\eta} = 30$，$\hat{\gamma} = 10$）比较接近，认为新方法可行。

由此可应用 D_n-拟合检验法进行该分布概率模型的假设检验，计算子样经验分布函数 $F_n(x_i)$ 和理论分布函数值 $F(x_i)$，结果列入表 2-2。

表 2-2　D_n-统计量计算

序号 i	数据列 $x_i/(\times 10^5)$	经验分布函数值 $F_n(x_i)$	理论分布函数值 $F(x_i)$	$\lvert F_n(x_i) - F(x_i)\rvert$	$\lvert F_n(x_{i+1}) - F(x_i)\rvert$
1	17.8	0.0343	0.0302	0.0041	0.0531
2	21.3	0.0833	0.0810	0.0023	0.0514
3	23.8	0.1324	0.1329	0.0005	0.0485
4	25.9	0.1814	0.1855	0.0041	0.0449
5	27.4	0.2304	0.2274	0.0030	0.0520
6	29.4	0.2794	0.2879	0.0085	0.0405
7	30.6	0.3284	0.3261	0.0023	0.0514
8	32.3	0.3775	0.3818	0.0043	0.0447
9	33.5	0.4265	0.4218	0.0047	0.0537
10	34.9	0.4755	0.4687	0.0068	0.0558
11	36.6	0.5245	0.5249	0.0004	0.0486
12	38.5	0.5735	0.5860	0.0125	0.0366
13	39.7	0.6226	0.6231	0.0005	0.0485
14	41.2	0.6716	0.6674	0.0042	0.0532
15	43.4	0.7206	0.7274	0.0068	0.0422
16	44.5	0.7696	0.7550	0.0146	0.0636
17	47.0	0.8186	0.8112	0.0074	0.0564
18	48.8	0.8676	0.8460	0.0216	0.0707
19	52.5	0.9167	0.9029	0.0138	0.0628
20	61.4	0.9657	0.9749	0.0092	—

由表 2-2 可以看出 $|F_n(x_i) - F(x_i)|$ 或 $|F_n(x_{i+1}) - F(x_i)|$ 最大值为 0.0707，查 Колмогоров 检验临界值表，当 $n=20$ 时，对于显著度 $\alpha=0.05$ 的临界值 $D_{20,0.05}=0.2941$。

由于 $D_n=0.0707<0.2941$，认为可以通过检验，即认为母体符合

$$P(x)=\exp\left[-\left(\frac{x-11.3}{28.7}\right)^{2.3}\right]$$

分布概率模型。

为说明用 Weibull 概率坐标纸的作图法求解 3-PWD 的参数估计结果，文献 [2] 给出了 20 个疲劳寿命的大样本数据。该方法首先通过反复试凑法估计位置参数 γ，进而得到其他估计量。其中试凑过程需使用人员根据目测判断各数据点是否接近直线，这显然不能保证估计结果的准确性。应用本书方法对该套数据估计，过程如下，其中疲劳寿命数据和可靠度估计量见表 2-3（可靠度估计量采用平均秩估计）。

表 2-3　大样本疲劳寿命及其可靠度估计量

序号 i	1	2	3	4	5	6	7	8	9	10
寿命 x_i/（$\times 10^5$）	3.5	3.8	4.0	4.3	4.5	4.7	4.8	5.0	5.2	5.4
可靠度估计量 $\hat{P}(x_i)$/%	95.24	90.48	85.71	80.95	76.19	71.43	66.67	61.90	57.14	52.38
序号 i	11	12	13	14	15	16	17	18	19	20
寿命 x_i/（$\times 10^5$）	5.5	5.7	6.0	6.1	6.3	6.5	6.7	7.3	7.7	8.4
可靠度估计量 $\hat{P}(x_i)$/%	47.62	42.86	38.10	33.33	28.57	23.81	19.05	14.29	9.52	4.76

以表 2-3 数据为依据，$\hat{M}_0$ 估计量如图 2-1 所示。应用本书方法估计参量的关键在于确定概率模型曲线与 x 轴的交点，由图 2-1 可知估计量 $\hat{M}_0=6.0\times 10^5$。将一组疲劳参量观测值及其可靠度估计量 $[x_i-\hat{M}_0,\ -\ln\hat{P}(x_i)]$ 代入式（2-18），得点估计值 $\hat{A}=0.6485$、

$\hat{B}=0.09796$，进而得 $\hat{\beta}$、$\hat{\eta}$、$\hat{\gamma}$ 的估计值：

$$\hat{\beta}=1.9, \hat{\eta}=2.9\times10^{5}, \hat{\gamma}=3.1\times10^{5}$$

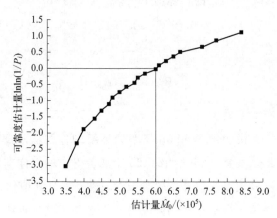

图 2-1　疲劳寿命可靠性分析的概率模型曲线

可见这些估计值与文献［2］给出的估计结果非常接近，说明本书介绍的参数估计方法用于疲劳失效寿命数据是可行的。

应用 D_n-拟合检验法计算子样经验分布函数 $F_n(x_i)$ 和理论分布函数值 $F(x_i)$。

由表 2-3 可以看出 $|F_n(x_i)-F(x_i)|$ 或 $|F_n(x_{i+1})-F(x_i)|$ 最大值为 0.0847，经查 Колмогоров 检验临界值表，当 $n=20$ 时，对于显著度 $\alpha=0.05$ 的临界值 $D_{20,0.05}=0.2941$。由于 $D_n=0.0847<$ 0.2941，认为可以通过检验，即认为母体符合

$$P(x)=\exp\left[-\left(\frac{x-3.1}{2.9}\right)^{1.9}\right]$$

分布概率模型。

2.3
可靠性概率模型的综合评价方法

对任意样本观测值（X_i，Y_i）（$i=1$，2，…，n）做出的散点

图，以各常用的疲劳概率模型拟合疲劳参量观测值，在实际使用过程中常常出现各种概率模型均可通过假设检验的情况，因此仅选用某个概率模型拟合的设计方法是不合理的。目前常用穷举法，即将样本观测值代入各常用概率模型中检验，借助某种统计检验标准确定较优概率模型。然而不同概率模型在描述疲劳参量时存在差异，当各概率模型均通过检验后，如何选择其中最优的概率模型仍是疲劳可靠性概率模型检验的难题。为此本书中设计疲劳概率模型的综合效果评价方法，以指导疲劳概率模型的选用。

2.3.1

较优概率模型评价的显著性检验法

由疲劳概率模型的参数估计设计可知，常用疲劳概率模型均可表示成线性回归方程 $Y=A+BX$ 的形式，数据处理时以这一直线段拟合各数据点，应用最小二乘法可寻求此最佳直线。

A、B 的点估计值由下式可得：

$$\hat{B}=L_{XY}/L_{XX} \tag{2-23}$$

$$\hat{A}=\overline{Y}-\hat{B}\overline{X} \tag{2-24}$$

其中，

$$\overline{X}=\frac{1}{n}\sum_{i=1}^{n}X_i, \overline{Y}=\frac{1}{n}\sum_{i=1}^{n}Y_i \tag{2-25}$$

$$L_{XX}=\sum_{i=1}^{n}X_i^2-\frac{1}{n}\left(\sum_{i=1}^{n}X_i\right)^2 \tag{2-26}$$

$$L_{YY}=\sum_{i=1}^{n}Y_i^2-\frac{1}{n}\left(\sum_{i=1}^{n}Y_i\right)^2 \tag{2-27}$$

$$L_{XY}=\sum_{i=1}^{n}X_iY_i-\frac{1}{n}\left(\sum_{i=1}^{n}X_i\right)\left(\sum_{i=1}^{n}Y_i\right) \tag{2-28}$$

根据式（2-23）和式（2-24），采用最小二乘法可得到各概率模型的回归方程参数 A、B 的点估计值。实际上，即使样本观测值与可靠度估计量之间不存在或仅存在较弱的线性关系，对任意概率模型也可算出 $\hat{A}$、$\hat{B}$，但这种估计显然是无意义的。为判别疲劳概率模型最佳拟合数据效果，引进平方和分解公式以及 Pearson 统计参量——线性拟合相关系数 r，设计较优概率模型评价的统计检验方法。

根据线性回归方程的平方和分解公式：

$$S_T = S_e + S_R \tag{2-29}$$

其中，

$$S_T = \sum_{i=1}^{n}(Y_i - \overline{Y}_i)^2 = \sum_{i=1}^{n}Y_i^2 - \frac{1}{n}\left(\sum_{i=1}^{n}Y_i\right)^2 = L_{YY} \tag{2-30}$$

$$S_R = \sum_{i=1}^{n}(\hat{Y}_i - \overline{Y}_i)^2 = \hat{B}^2\sum_{i=1}^{n}(X_i - \overline{X}_i)^2 = \hat{B}^2 L_{XX} \tag{2-31}$$

$$S_e = \sum_{i=1}^{n}(Y_i - \hat{Y}_i)^2 = S_T - S_R = L_{YY} - \hat{B}^2 L_{XX} \tag{2-32}$$

式中 S_T ——总偏差平方和；

       S_e ——残差平方和；

       S_R ——回归平方和。

S_T 表示观测值 $(Y_1, Y_2, \cdots, Y_n)$ 与它们的平均值 $\overline{Y}$ 的偏差平方和，S_T 越大则 $(Y_1, Y_2, \cdots, Y_n)$ 的数值波动越大，即观测值越分散；S_e 表示实际观测值 $(Y_1, Y_2, \cdots, Y_n)$ 与回归直线上对应点 $(\hat{Y}_1, \hat{Y}_2, \cdots, \hat{Y}_n)$ 的残差平方和；S_R 表示回归直线上纵坐标 $(\hat{Y}_1, \hat{Y}_2, \cdots, \hat{Y}_n)$ 的回归平方和，回归直线较陡则 S_R 越大。

从随机关系上考虑，根据一元正态线性回归模型：

$$\begin{cases} Y = A + BX + \varepsilon \\ \varepsilon \sim N(0, \sigma^2) \end{cases} \tag{2-33}$$

因此点估计值 $\hat{B} \sim N\left(0, \dfrac{\sigma^2}{L_{XX}}\right)$，即 $\dfrac{\hat{B}}{\sigma}\sqrt{L_{XX}} \sim N(0,1)$，根据 χ^2 分布的定义，得：

$$\frac{S_R}{\sigma^2} \sim \chi^2(1), \quad \frac{S_T}{\sigma^2} \sim \chi^2(n-1), \quad \frac{S_e}{\sigma^2} \sim \chi^2(n-2) \tag{2-34}$$

（1）回归效果的 F-检验法

根据 F-分布定义 $F(m, n) = \dfrac{\displaystyle\sum_{i=1}^{m}\eta_i^2/m}{\displaystyle\sum_{i=1}^{n}\xi_i^2/n}$ 得：

$$F = \frac{S_R/\sigma^2}{S_e/(n-2)\sigma^2} = \frac{(n-2)S_R}{S_e} \sim F(1, n-2) \qquad (2-35)$$

给出显著性水平 $\alpha \in (0,1)$，取 F-分布左侧拒绝域得：

$$P(F < F_{1-\alpha}(1, n-2)) = \alpha \qquad (2-36)$$

查 F-分布表可得临界值，当 $F \geq F_{1-\alpha}(1, n-2)$ 时则按照显著性水平 α 不拒绝接受原则假设，认为线性回归效果显著。

（2）回归效果的 r-检验法

由 Pearson 统计参量——线性拟合相关系数 r 值得：

$$r = \sqrt{\frac{S_R}{S_T}} = \sqrt{1 - \frac{S_e}{L_{YY}}} = \frac{L_{XY}}{\sqrt{L_{XX}L_{YY}}} \sim r(n-2) \qquad (2-37)$$

给出显著性水平 $\alpha \in (0,1)$，取 r-分布左侧拒绝域得：

$$P(r < r_\alpha(n-2)) = \alpha \qquad (2-38)$$

查 r-分布表可得临界值，当 $r \geq r_\alpha(n-2)$ 时则按照显著性水平 α 不拒绝接受原则假设，认为线性回归效果显著。

（3）回归效果的 t-检验法

应用 t-检验法也可检验线性方程的回归效果，由 t-分布的定义 $t = \dfrac{\xi_1}{\sqrt{\chi^2/n}}$，又知 $\dfrac{\hat{B}}{\sigma}\sqrt{L_{XX}} \sim N(0,1)$ 和 $\dfrac{S_e}{\sigma^2} \sim \chi^2(n-2)$，构造 t-统计量：

$$t = \frac{\dfrac{\hat{B}}{\sigma}\sqrt{L_{XX}}}{\sqrt{\dfrac{S_e}{\sigma^2(n-2)}}} = \frac{\hat{B}\sqrt{L_{XX}(n-2)}}{\sqrt{S_e}} \sim t(n-2) \qquad (2-39)$$

对给定的显著性水平 $\alpha \in (0,1)$，取 t-分布左侧拒绝域得：

$$P(t < t_{1-\frac{\alpha}{2}}(n-2)) = \alpha \qquad (2-40)$$

查 t-分布表可得临界值，当 $t \geq t_{1-\frac{\alpha}{2}}(n-2)$ 时则按照显著性水平 α 不拒绝接受原则假设，认为线性回归效果显著。

2.3.2

可靠性概率模型的综合拟合效果评价

根据线性回归效果的显著性检验，可知以某一概率模型对疲劳试验数据进行描述的合理性。但通过检验的概率模型极有可能为多个，概率模型对一组疲劳数据的预测能力比较容易评判，而对多组疲劳数据来说，需要综合各组数据的概率模型预测能力，选择总体上可更为准确地反映疲劳数据的"优良"概率模型。

考虑到单独某一组疲劳数据概率模型描述能力的差异，可以采用如下的疲劳概率模型的综合评价公式：

$$\bar{\rho}_i = \sum_{j=1}^{m} \left(|\rho_{i,j}| - \frac{1}{n} \sum_{i=1}^{n} |\rho_{i,j}| \right) \tag{2-41}$$

式中　i——概率模型序号；

　　　n——概率模型类型总数；

　　　j——疲劳试验水平序号；

　　　m——疲劳试验水平总数；

　　$\rho_{i,j}$——第 j 级试验水平上第 i 个概率模型的显著性检验统计量；

　　　$\bar{\rho}_i$——第 i 个概率模型的综合评价系数。

式(2-40) 以假设检验统计量为评价基数，同时综合了各疲劳试验水平上的概率模型预测能力，$\bar{\rho}_i$ 值越大则此概率模型对疲劳试验中各级试验水平的疲劳数据预测能力越强。

2.4

本章小结

① 对于不能直接采用线性回归法进行参数估计的 3-PWD，介绍了一种参数估计方法，通过将估计得到的疲劳参量代入疲劳概率模型，再以牛顿二项式展开并拟合求点估计。这种方法克服了图形估计法拟合精度低，解析法有时解不能收敛的难题。

② 引入 Колмогоров D_n-拟合检验法作为复杂概率模型假设检验方法，该方法不依赖具体的母体分布信息，适用于任意母体分布类型为连续函数的概率模型，因此可广泛应用于各种疲劳可靠性分析的假设检验中。

③ 介绍了一种疲劳概率模型的综合评价方法，可以对通过检验的各疲劳概率模型进行综合评价。

④ 本章介绍的参数估计、假设检验以及疲劳概率模型综合评价方法不仅可用于疲劳寿命的概型估计研究，而且还可用于应变疲劳循环应力幅值等其他的疲劳数据统计分析。

第**3**章

随机疲劳寿命与性能的可靠性

3.1

应力疲劳寿命可靠性分析通用模型

考虑到载荷的随机性、材料的分散性、计算模型的不确定性等因素，疲劳性能以及疲劳寿命如果沿袭确定性设计原则不可能满足现代工业对于产品高可靠性的要求，因此疲劳概率方法得到了广泛重视。然而现有的概率损伤模型和寿命估算方法在使用中还不够精确，与实际结果相差甚远。应变疲劳可靠性分析与设计在一般的疲劳可靠性分析中尤其少见，而其对准确、深刻理解寿命随机性规律起到至关重要的作用。为提高产品和材料的应变疲劳可靠性，需要技术人员更准确地了解高可靠性应力、应变疲劳"安全寿命"和材料循环本构关系。

3.1.1

应力疲劳寿命可靠性分析常用表述方法

应力疲劳的试样疲劳寿命取决于材料的力学性能和施加的应力水平，通常以 S-N 曲线表示这种外加应力水平和试样寿命之间的关系。S-N 曲线表示材料强度极限越高，外加应力水平越低，则试样的疲劳寿命越高。目前在疲劳可靠性设计和疲劳性能测试中常用的应力-寿命经验公式有 Langer 公式、Basquin 公式和三参数应力-寿命公式，其中尤以 Basquin 公式应用最为普遍。Basquin 公式表示为

$$S^m N = C \tag{3-1}$$

$$\lg N = \lg C - m \lg S \tag{3-2}$$

式中　N——应力疲劳寿命；

　　　S——应力，MPa；

　　m、C——试验常数，与材料性质、试样形式和加载方式等有关。

式(3-1)、式(3-2) 表示给定应力比 $R = S_{\min} / S_{\max}$ 或平均应力

$S_m=(S_{max}+S_{min})/2$ 条件下，应力幅与寿命之间的幂函数关系。

由于疲劳试验数据的分散性，试样的疲劳寿命与应力水平间的关系并非一一对应的单值关系，而是与可靠度 p 有密切关系。因此，应力疲劳寿命可靠性分析中最为重要工作之一是建立 p-S-N 曲线公式，这也是零部件及材料疲劳分析中非常重要的基础性工作。

在同一载荷水平下进行疲劳试验时，载荷水平为自变量，对应的 n 个试验结果为随机变量。当自变量取定值，这 n 个随机变量依赖于自变量，且按概率分布取值。疲劳试验中，由 n 个试验结果得到子样中值观测值可作为母体真值的无偏估计量，即

$$M_e=\hat{N}_{50} \tag{3-3}$$

式中　M_e——子样中值疲劳寿命；

　　$\hat{N}_{50}$——母体平均值估计量。

$\hat{N}_{50}$ 为随机变量，并与可控变量满足一元正态线性回归模型：

$$\begin{cases} M_e=a+bS_i+U(S_i), \\ U(S_i),\text{iid},U(S_i)\sim N(0,\sigma^2), \end{cases} i=1,2,\cdots,n \tag{3-4}$$

$U(S_i)$ 为独立同分布随机变量，式(3-4) 的 a、b、σ^2 是不依赖于 S_i 的未知参数，可应用极大似然原理和最小二乘法原理来求其估计值。显然求估计值的过程考虑了各级载荷水平下全部试验数据的统计特征，若每级载荷仅进行一次试验，子样中值估计值为试验观测值，仍满足无偏性要求。将估计值代入式(3-2) 得到母体真值无偏估计量的中值 S-N 曲线方程为

$$\lg\hat{N}_{50}=\lg\hat{C}-\hat{m}\lg S \tag{3-5}$$

3.1.2
应力疲劳寿命可靠性分析通用表述方法

应力疲劳的可靠性试验中，每级应力水平试验一组试样，进行试样观测值的概率模型设计可得多种概率模型分布形式。不同概率模型

分布经函数变换，求得指定 p 下的安全疲劳寿命，以 Basquin 公式再次拟合各安全疲劳寿命获得疲劳寿命可靠性方程。上述疲劳寿命可靠性方程求解过程是二次随机性数据拟合的结果。对各概率模型分布函数进行分析，通过归纳概率模型的中值应力疲劳寿命与安全寿命之间关系，可知应力疲劳寿命可靠性分析通用表达式为

$$S^m \left(\frac{N_p}{A_H} + B_H \right) = C \tag{3-6}$$

式中　A_H、B_H——可靠性公式系数。

式(3-6)的系数 A_H、B_H 是与具体的概率模型分布函数形式有关的参数，这些系数可以根据概率模型分布函数推导求出。

3.1.3
可靠性分析通用公式特例

只要确定了疲劳试验的寿命样本，应力疲劳寿命可靠性公式随之确定。应力疲劳寿命可能服从各常用分布，如 WD、ND、ED 等，其中任一分布都可以看作式(3-6) 的特例。通过分析各分布函数，可以确定应力疲劳寿命可靠性公式系数的具体形式。

首先，当应力疲劳寿命服从 3-PWD 时，其可靠度的分布概率函数为

$$\hat{p} = 1 - F(N) = \exp\left[-\left(\frac{N-\gamma}{\eta} \right)^{\beta} \right] \tag{3-7}$$

为建立概率疲劳曲线方程，需计算各级应力水平下不同可靠度的疲劳寿命。50%可靠度和安全疲劳寿命估算值按下式计算：

$$N = \eta \left(\ln \frac{1}{0.5} \right)^{\frac{1}{\beta}} + \gamma \tag{3-8}$$

$$N_p = \eta \left(\ln \frac{1}{p} \right)^{\frac{1}{\beta}} + \gamma \tag{3-9}$$

式(3-8)、式(3-9) 经转换后可合并为：

$$N = \frac{N_p - \gamma}{\left(\frac{\ln p}{\ln 0.5} \right)^{\frac{1}{\beta}}} + \gamma = \frac{N_p}{\left(\frac{\ln p}{\ln 0.5} \right)^{\frac{1}{\beta}}} + \gamma \left[1 - \frac{1}{\left(\frac{\ln p}{\ln 0.5} \right)^{\frac{1}{\beta}}} \right] \tag{3-10}$$

对应式(3-6)的各系数，则

$$A_H = \left(\frac{\ln p}{\ln 0.5}\right)^{\frac{1}{\beta}}, B_H = \gamma\left[1 - \frac{1}{\left(\frac{\ln p}{\ln 0.5}\right)^{\frac{1}{\beta}}}\right]$$

因此应力疲劳寿命服从 3-PWD 时有

$$S^m\left\{\frac{N_p}{\left(\frac{\ln p}{\ln 0.5}\right)^{\frac{1}{\beta}}} + \gamma\left[1 - \frac{1}{\left(\frac{\ln p}{\ln 0.5}\right)^{\frac{1}{\beta}}}\right]\right\} = C \tag{3-11}$$

式(3-11) 即为应力疲劳寿命可靠性通用公式当寿命服从 3-PWD 时的特殊形式。

类似地，当寿命服从 2-PWD，因位置参数 $\gamma = 0$，应力疲劳寿命可靠性公式为

$$S^m\left[\frac{N_p}{\left(\frac{\ln p}{\ln 0.5}\right)^{\frac{1}{\beta}}}\right] = C \tag{3-12}$$

当应力疲劳寿命服从 ED，其可靠度的分布概率函数为

$$p = 1 - F(N) = \exp\left[-\lambda(N)\right] \tag{3-13}$$

50%可靠度和安全疲劳寿命估算值按下式计算：

$$N = -\frac{\ln 0.5}{\lambda} \tag{3-14}$$

$$N_p = -\frac{\ln p}{\lambda} \tag{3-15}$$

式(3-14)、式(3-15) 经转换后可合并为

$$N = \frac{N_p}{\frac{\ln p}{\ln 0.5}} \tag{3-16}$$

对应式(3-6) 的各系数，则

$$A_H = \frac{\ln p}{\ln 0.5}, B_H = 0$$

因此应力疲劳寿命服从 ED 时有

$$S^m\left[\frac{N_p}{\frac{\ln p}{\ln 0.5}}\right] = C \tag{3-17}$$

式(3-17) 即为应力疲劳寿命可靠性通用公式当寿命服从 ED 时的特殊形式。

当应力疲劳寿命服从 ND，其可靠度的分布概率函数为

$$p = 1 - F(N) = 1 - \Phi\left(\frac{N-\mu}{\sigma}\right) \tag{3-18}$$

具有 50% 可靠度的疲劳寿命和安全疲劳寿命估算值表示为

$$N = \mu + \sigma\Phi^{-1}(0.5) = \mu \tag{3-19}$$

$$N_p = \mu + \sigma\Phi^{-1}(1-p) \tag{3-20}$$

将式(3-20) 代入式(3-19) 得

$$N = N_p - \sigma\Phi^{-1}(1-p) \tag{3-21}$$

对应式(3-6) 的各系数，则

$$A_H = 1, B_H = -\sigma\Phi^{-1}(1-p)$$

因此应力疲劳寿命服从 ND 时有

$$S^m\left[N_p - \sigma\Phi^{-1}(1-p)\right] = C \tag{3-22}$$

式(3-22) 即为应力疲劳寿命可靠性通用公式当寿命服从 ND 时的特殊形式。

类似地，当寿命服从 LND 时，具有 50% 可靠度的疲劳寿命和安全疲劳寿命估算值[13] 表示为

$$\lg N = \mu + \sigma\Phi^{-1}(0.5) = \mu \tag{3-23}$$

$$\lg N_p = \mu + \sigma\Phi^{-1}(1-p) \tag{3-24}$$

式(3-23)、式(3-24) 经转换后合并为

$$N = \frac{N_p}{10^{\sigma\Phi^{-1}(1-p)}} \tag{3-25}$$

对应式(3-6) 的各系数，则

$$A_H = 10^{\sigma\Phi^{-1}(1-p)}, B_H = 0$$

因此应力疲劳寿命服从 LND 时有

$$S^m\left[\frac{N_p}{10^{\sigma\Phi^{-1}(1-p)}}\right] = C \tag{3-26}$$

式(3-26) 即为应力疲劳寿命可靠性通用公式当寿命服从 LND 时的特殊形式。

表 3-1 列出了不同概率模型分布可靠性公式中的系数 A_H、B_H。

表 3-1 应力疲劳寿命可靠性分析通用公式中的系数

	2-PWD	3-PWD	ED	LND	ND
A_H	$\left(\dfrac{\ln p}{\ln 0.5}\right)^{\frac{1}{\beta}}$	$\left(\dfrac{\ln p}{\ln 0.5}\right)^{\frac{1}{\beta}}$	$\dfrac{\ln p}{\ln 0.5}$	$10^{\sigma \Phi^{-1}(1-p)}$	1
B_H	0	$\gamma\left[1-\dfrac{1}{\left(\dfrac{\ln p}{\ln 0.5}\right)^{\frac{1}{\beta}}}\right]$	0	0	$-\sigma \Phi^{-1}(1-p)$

3.2
应变疲劳寿命可靠性分析通用模型

3.2.1
应变疲劳寿命可靠性分析常用表述方法

测定试样低周疲劳性能的目的是确定构件的安全疲劳寿命。早在 1954 年 Coffin 和 Manson 分别独立提出了基于塑性应变的低周疲劳连续介质描述方法:当利用塑性应变幅 $\Delta \varepsilon^p/2$ 的对数与发生破坏的载荷反向次数 $2N_f$ 的对数作图时,对于金属材料,存在直线关系[14] 为

$$\frac{\Delta \varepsilon^p}{2} = \varepsilon'_f (2N_f)^c \qquad (3-27)$$

式中 $\Delta \varepsilon^p/2$——塑性应变幅;

     N_f——疲劳寿命,$2N_f$ 为以反复次数计的疲劳寿命;

     ε'_f——疲劳延性系数;

     c——疲劳延性指数。

Basquin 提出在恒应力幅疲劳试验中,描述应力幅 $\Delta \sigma/2$ 与发生破坏的载荷反向次数 $2N_f$ 之间关系的表达式为

$$\frac{\Delta\varepsilon^e}{2}=\frac{\Delta\sigma}{2E}=\frac{\sigma'_f}{E}(2N_f)^b \qquad (3\text{-}28)$$

式中　$\Delta\varepsilon^e/2$——弹性应变幅；

$\quad\Delta\sigma/2$——应力幅，MPa；

$\quad E$——Young's模量，MPa；

$\quad\sigma'_f$——疲劳强度系数，MPa；

$\quad b$——疲劳强度指数。

由于总应变幅 $\Delta\varepsilon^t/2$ 为弹性应变幅 $\Delta\varepsilon^e/2$ 和塑性应变幅 $\Delta\varepsilon^p/2$ 之和，应变疲劳寿命估算式为

$$\frac{\Delta\varepsilon^t}{2}=\frac{\Delta\varepsilon^e}{2}+\frac{\Delta\varepsilon^p}{2}=\frac{\sigma'_f}{E}(2N_f)^b+\varepsilon'_f(2N_f)^c \qquad (3\text{-}29)$$

式中　$\Delta\varepsilon^t/2$——总应变幅。

式(3-29)为仅考虑确定性因素的应变寿命公式。如何描述材料循环应变寿命数据的随机性，是应变疲劳可靠性分析中必须解决的基础问题[15]。为了反映应变疲劳寿命的分散性，近年来根据极大似然原理，应变疲劳可靠性分析中常用的概率应变疲劳失效寿命曲线公式[16-18] 表示为

$$\frac{\Delta\varepsilon^t}{2}=\frac{\sigma'_f}{E}\left[\frac{(2N_f)_p}{10^{u_p\hat\sigma_1}}\right]^b+\varepsilon'_f\left[\frac{(2N_f)_p}{10^{u_p\hat\sigma_2}}\right]^c \qquad (3\text{-}30)$$

式中　u_p——与正态分布可靠度 p 对应的标准正态偏量；

$\quad(2N_f)_p$——安全疲劳寿命估算值；

$\quad\hat\sigma_1,\hat\sigma_2$——弹性应变和塑性应变对应的对数寿命标准偏差的无偏估计量。

实际上，式(3-30) 的应用必须具备的条件为：各级载荷水平的疲劳寿命都遵循对数正态分布。因此，虽然式(3-30) 在预测高可靠度应变疲劳寿命时确实比较方便，但使用该公式时不经验证，事先假定疲劳随机变量服从某概率模型的做法显然不太妥当。为了进一步提高应变疲劳寿命的可靠度，需要有一种服从最合理概率模型的随机应变可靠性设计方法，这对于提高应变疲劳性能和寿命可靠性估算的精确性具有重要的工程和理论价值。

3.2.2

应变疲劳寿命可靠性分析通用表述方法

低周疲劳试验结果均表明：疲劳性能和疲劳寿命描述的常用分布概率模型有 ND、LND、WD、ED 等。应变疲劳寿命随机变量可能服从的分布概率模型一般为上述分布函数中的某一种，而不限于式(3-30)表示的对数正态分布，因此必须设计针对各种常用分布概率模型的应变疲劳寿命可靠性分析通用表述方法。

对各概率模型分布函数进行分析，通过归纳概率模型中值应变疲劳寿命与高可靠度应变疲劳寿命之间的关系，提出应变疲劳寿命可靠性分析的通用表达式为

$$\frac{\Delta\varepsilon^t}{2}=\frac{\sigma'_f}{E}\left[\frac{(2N_f)_p}{A_{N1}}+B_{N1}\right]^b+\varepsilon'_f\left[\frac{(2N_f)_p}{A_{N2}}+B_{N2}\right]^c \quad (3-31)$$

式中　A_{N1}、B_{N1}——弹性应变疲劳寿命可靠性公式系数；

　　　A_{N2}、B_{N2}——塑性应变疲劳寿命可靠性公式系数。

应变疲劳寿命可能服从的各常用分布，如 ND、LND、WD、ED 等，其中任一分布都可以看作式(3-31)的特例。进行各分布函数分析，可以确定应变疲劳寿命可靠性公式系数的具体形式。

3.2.3

可靠性分析通用公式特例

当应变疲劳寿命服从 3-PWD，其可靠度的分布概率函数为

$$\hat{p}=1-F(2N_f)=\exp\left[-\left(\frac{2N_f-\gamma}{\eta}\right)^\beta\right] \quad (3-32)$$

应变疲劳可靠性公式中，实际要求以中值疲劳寿命估算高可靠度的安全疲劳寿命，因此将具有 50% 可靠度的疲劳寿命和安全疲劳寿命估算值表示为

$$0.5=\exp\left[-\left(\frac{2N_f-\gamma}{\eta}\right)^\beta\right] \quad (3-33)$$

$$p = \exp\left\{ -\left[\frac{(2N_f)_p - \gamma}{\eta}\right]^{\beta} \right\} \tag{3-34}$$

式(3-33)、式(3-34) 经转换后可合并为

$$2N_f = \frac{(2N_f)_p - \gamma}{\left(\dfrac{\ln p}{\ln 0.5}\right)^{\frac{1}{\beta}}} + \gamma = \frac{(2N_f)_p}{\left(\dfrac{\ln p}{\ln 0.5}\right)^{\frac{1}{\beta}}} + \gamma\left[1 - \frac{1}{\left(\dfrac{\ln p}{\ln 0.5}\right)^{\frac{1}{\beta}}}\right] \tag{3-35}$$

式(3-35) 表示中值应变疲劳寿命 $2N_f$ 与安全应变疲劳寿命 $(2N_f)_p$ 的关系，以 β_1、γ_1 和 β_2、γ_2 分别表示弹性和塑性应变疲劳寿命可靠性估算的 3-PWD 参数估计值，与应变疲劳寿命可靠性分析的通用表达式(3-31) 的可靠性系数对应，则有

$$A_{N1} = \left(\frac{\ln p}{\ln 0.5}\right)^{\frac{1}{\beta_1}}, \quad B_{N1} = \gamma_1\left[1 - \frac{1}{\left(\dfrac{\ln p}{\ln 0.5}\right)^{\frac{1}{\beta_1}}}\right]$$

$$A_{N2} = \left(\frac{\ln p}{\ln 0.5}\right)^{\frac{1}{\beta_2}}, \quad B_{N2} = \gamma_2\left[1 - \frac{1}{\left(\dfrac{\ln p}{\ln 0.5}\right)^{\frac{1}{\beta_2}}}\right]$$

因此当应变疲劳寿命服从 3-PWD 时，式(3-31) 表示为

$$\frac{\Delta\varepsilon^t}{2} = \frac{\sigma_f'}{E}\left\{\frac{(2N_f)_p}{\left(\dfrac{\ln p}{\ln 0.5}\right)^{\frac{1}{\beta_1}}} + \gamma_1\left[1 - \frac{1}{\left(\dfrac{\ln p}{\ln 0.5}\right)^{\frac{1}{\beta_1}}}\right]\right\}^b + $$

$$\varepsilon_f'\left\{\frac{(2N_f)_p}{\left(\dfrac{\ln p}{\ln 0.5}\right)^{\frac{1}{\beta_2}}} + \gamma_2\left[1 - \frac{1}{\left(\dfrac{\ln p}{\ln 0.5}\right)^{\frac{1}{\beta_2}}}\right]\right\}^c \tag{3-36}$$

式(3-36) 即为应变疲劳寿命可靠性通用公式当寿命服从 3-PWD 时的特殊形式。

类似地，当寿命服从 2-PWD 时，考虑到位置参数 $\gamma = 0$，此时应变疲劳寿命可靠性公式为

$$\frac{\Delta\varepsilon^t}{2} = \frac{\sigma_f'}{E}\left[\frac{(2N_f)_p}{\left(\dfrac{\ln p}{\ln 0.5}\right)^{\frac{1}{\beta_1}}}\right]^b + \varepsilon_f'\left[\frac{(2N_f)_p}{\left(\dfrac{\ln p}{\ln 0.5}\right)^{\frac{1}{\beta_2}}}\right]^c \tag{3-37}$$

当应变疲劳寿命服从 ED，其可靠度的分布概率函数为

$$p = 1 - F(2N_f) = \exp\left[-\lambda(2N_f)\right] \tag{3-38}$$

具有 50% 可靠度的疲劳寿命和安全疲劳寿命估算值经转换后合并为

$$2N_f = \frac{(2N_f)_p}{\frac{\ln p}{\ln 0.5}} \tag{3-39}$$

对应式 (3-31) 的各系数有 $A_{N1} = A_{N2} = \dfrac{\ln p}{\ln 0.5}$, $B_{N1} = B_{N2} = 0$, 即应变疲劳寿命服从 ED 时有

$$\frac{\Delta \varepsilon^t}{2} = \frac{\sigma_f'}{E} \left[\frac{(2N_f)_p}{\frac{\ln p}{\ln 0.5}} \right]^b + \varepsilon_f' \left[\frac{(2N_f)_p}{\frac{\ln p}{\ln 0.5}} \right]^c \tag{3-40}$$

式 (3-40) 即为应变疲劳寿命可靠性通用公式当寿命服从 ED 时的特殊形式。

当应变疲劳寿命服从 ND, 其可靠度的分布概率函数为

$$p = 1 - F(2N_f) = 1 - \Phi \left(\frac{2N_f - \mu}{\sigma} \right) \tag{3-41}$$

具有 50% 可靠度的疲劳寿命和安全疲劳寿命估算值经转换后合并为

$$2N_f = (2N_f)_p - \sigma \Phi^{-1} (1 - p) \tag{3-42}$$

对应式 (3-31) 系数有 $A_{N1} = A_{N2} = 1$, $B_{N1} = -\sigma_1 \Phi^{-1}(1-p)$, $B_{N2} = -\sigma_2 \Phi^{-1}(1-p)$, 即应变疲劳寿命服从 ND 时有

$$\frac{\Delta \varepsilon^t}{2} = \frac{\sigma_f'}{E} [(2N_f)_p - \sigma_1 \Phi^{-1}(1-p)]^b + \varepsilon_f' [(2N_f)_p - \sigma_2 \Phi^{-1}(1-p)]^c$$

$$\tag{3-43}$$

式 (3-43) 即为应变疲劳寿命可靠性通用公式当寿命服从 ND 时的特殊形式。

类似地, 当寿命服从 LND 时, 具有 50% 可靠度的疲劳寿命和安全疲劳寿命估算值表示为

$$0.5 = 1 - \Phi \left[\frac{\lg(2N_f) - \mu}{\sigma} \right] \tag{3-44}$$

$$p = 1 - \Phi \left[\frac{\lg(2N_f)_p - \mu}{\sigma} \right] \tag{3-45}$$

对应式 (3-31) 的各系数有 $A_{N1} = 10^{\sigma_1 \Phi^{-1}(1-p)}$, $A_{N2} = 10^{\sigma_2 \Phi^{-1}(1-p)}$,

$B_{N1}=B_{N2}=0$，即应变疲劳寿命服从 LND 时有

$$\frac{\Delta \varepsilon^t}{2}=\frac{\sigma_f'}{E}\left[\frac{(2N_f)_p}{10^{\sigma_1 \Phi^{-1}(1-p)}}\right]^b+\varepsilon_f'\left[\frac{(2N_f)_p}{10^{\sigma_2 \Phi^{-1}(1-p)}}\right]^c \quad (3\text{-}46)$$

式（3-46）即为应变疲劳寿命可靠性通用公式当寿命服从 LND 时的特殊形式。

由于 $u_p=\Phi^{-1}(1-p)$，因此式（3-46）与式（3-30）是完全相同的，说明常用应变疲劳寿命可靠性公式（3-30）是应变疲劳寿命可靠性分析通用公式（3-31）在寿命服从 LND 时的特殊形式。

对于各常用分布概率模型，表 3-2 列出了式（3-31）中各系数 A_{N1}、B_{N1}、A_{N2}、B_{N2}。

表 3-2 应变疲劳寿命可靠性分析通用公式中的系数

	A_{N1}	B_{N1}	A_{N2}	B_{N2}
2-PWD	$\left(\frac{\ln p}{\ln 0.5}\right)^{\frac{1}{\beta_1}}$	0	$\left(\frac{\ln p}{\ln 0.5}\right)^{\frac{1}{\beta_2}}$	0
3-PWD	$\left(\frac{\ln p}{\ln 0.5}\right)^{\frac{1}{\beta_1}}$	$\gamma_1\left[1-\frac{1}{\left(\frac{\ln p}{\ln 0.5}\right)^{\frac{1}{\beta_1}}}\right]$	$\left(\frac{\ln p}{\ln 0.5}\right)^{\frac{1}{\beta_2}}$	$\gamma_2\left[1-\frac{1}{\left(\frac{\ln p}{\ln 0.5}\right)^{\frac{1}{\beta_2}}}\right]$
ED	$\frac{\ln p}{\ln 0.5}$	0	$\frac{\ln p}{\ln 0.5}$	0
LND	$10^{\sigma_1 \Phi^{-1}(1-p)}$	0	$10^{\sigma_2 \Phi^{-1}(1-p)}$	0
ND	1	$-\sigma_1 \Phi^{-1}(1-p)$	1	$-\sigma_2 \Phi^{-1}(1-p)$

3.3
循环应力应变关系可靠性分析通用模型

3.3.1
循环应力应变关系常用表述方法

应变疲劳试验各总应变范围 $\Delta \varepsilon^t$ 下所得稳定迟滞回线顶点的连线

即为材料的循环应力应变（cycle stress-strain，CSS）曲线，简称循环 σ-ε 曲线或 CSS 曲线，并以占疲劳寿命大部分阶段的稳定循环应力应变曲线代表材料的循环应力应变性质，CSS 曲线通常表示为：

$$\frac{\Delta\varepsilon^t}{2} = \frac{\Delta\varepsilon^e}{2} + \frac{\Delta\varepsilon^p}{2} = \frac{\Delta\sigma}{2E} + \left(\frac{\Delta\sigma}{2K'}\right)^{1/n'} \tag{3-47}$$

式中　K'——循环强度系数，MPa；

　　　n'——循环应变硬化指数。

式(3-47)为确定性的循环应力应变关系式。近年来研究人员开始考虑材料在应变疲劳时表现出循环本构关系的分散性，即相同加载水平试样的迟滞回线不重合现象。一般说来，冶金质量较好的材料如纯金属、高质量合金等迟滞回线几乎可看作是重合的，据此得到的循环本构关系认为是确定性的，但对冶金质量不好或难以控制质量的材料用确定性设计方法显然不符合实际，因此非常有必要对这一类材料进行循环应力应变关系可靠性分析。

3.3.2
循环应力应变关系可靠性分析通用表述方法

实际试验中控制总应变 $\Delta\varepsilon_i^t/2$ 时，发现（$\Delta\varepsilon_i^e/2$，$\Delta\sigma_i/2$）、（$\Delta\varepsilon_i^p/2$，$\Delta\sigma_i/2$）是作为成对的随机变量出现的，而在现有的应变疲劳可靠性分析中，一般默认这些变量为中值意义。然而，既然承认试验过程内部分散性（材料制备、加工等）和外部分散性（试验设备、人为和环境因素等），显然循环应力应变响应的确定性概念与疲劳试验的随机性事实是相互矛盾的。在应变疲劳可靠性分析中将应力-应变视为随机变量是解决上述矛盾的根本方法。

应变疲劳循环应力应变关系可靠性设计的关键在于对分散性循环应力幅处理。类似于应变疲劳寿命的可靠性设计，当给定总应变幅对应的循环应力幅服从 ND、LND、ED、WD 概率模型时，循环应力应变关系可靠性分析通用公式为

$$\frac{\Delta\varepsilon^t}{2} = \frac{1}{E}\left[\frac{\left(\frac{\Delta\sigma}{2}\right)_p}{A_{\sigma 1}} + B_{\sigma 1}\right] + \left\{\left[\frac{\left(\frac{\Delta\sigma}{2}\right)_p}{A_{\sigma 2}} + B_{\sigma 2}\right]\frac{1}{K'}\right\}^{\frac{1}{n'}} \tag{3-48}$$

式中　$A_{\sigma 1}$——弹性应变循环应力幅比例系数；

$B_{\sigma 1}$——弹性应变循环应力幅系数，MPa；

$A_{\sigma 2}$——塑性应变循环应力幅比例系数；

$B_{\sigma 2}$——塑性应变循环应力幅系数，MPa。

对于循环应力幅可能服从的各常用概率模型，如 WD、ND、ED 等，其中任意概率模型分布都可以看作式(3-48)的特例。

3.3.3
可靠性分析通用公式特例

首先讨论当循环应力幅值服从 LND 时，应力幅的可靠度分布概率函数为

$$p = 1 - F\left[\lg\left(\frac{\Delta\sigma}{2}\right)\right] = 1 - \varPhi\left[\frac{\lg\left(\frac{\Delta\sigma}{2}\right) - \mu}{\sigma}\right] \tag{3-49}$$

因此具有 50% 可靠度的应力幅估算值表示为

$$0.5 = 1 - \varPhi\left[\frac{\lg\left(\frac{\Delta\sigma}{2}\right) - \mu}{\sigma}\right] \tag{3-50}$$

具有任意可靠度的应力幅估算值表示为

$$p = 1 - \varPhi\left[\frac{\lg\left(\frac{\Delta\sigma}{2}\right)_p - \mu}{\sigma}\right] \tag{3-51}$$

式(3-50)、式(3-51)经转换后合并为

$$\frac{\Delta\sigma}{2} = \frac{\left(\frac{\Delta\sigma}{2}\right)_p}{10^{\sigma\varPhi^{-1}(1-p)}} \tag{3-52}$$

对应式(3-48)的各系数有 $A_{\sigma 1} = 10^{\sigma_1\varPhi^{-1}(1-p)}$，$A_{\sigma 2} = 10^{\sigma_2\varPhi^{-1}(1-p)}$，$B_{\sigma 1} = B_{\sigma 2} = 0$，即循环应力幅值服从 LND 时有

$$\frac{\Delta\varepsilon^t}{2} = \frac{1}{E}\left[\frac{\left(\frac{\Delta\sigma}{2}\right)_p}{10^{\sigma_1\varPhi^{-1}(1-p)}}\right] + \left[\frac{\left(\frac{\Delta\sigma}{2}\right)_p}{10^{\sigma_2\varPhi^{-1}(1-p)}} \times \frac{1}{K'}\right]^{\frac{1}{n'}} \tag{3-53}$$

式(3-53) 即为循环应力应变关系可靠性通用公式当应力幅服从 LND 时的特殊形式。

当循环应力幅值服从 3-PWD 时，应力幅的可靠度分布概率函数为

$$p = 1 - F(\Delta\sigma) = \exp\left[-\left(\frac{\frac{\Delta\sigma}{2} - \gamma}{\eta}\right)^{\beta}\right] \qquad (3\text{-}54)$$

因此具有 50% 可靠度和任意可靠度的应力幅估算值表示为

$$0.5 = \exp\left[-\left(\frac{\frac{\Delta\sigma}{2} - \gamma}{\eta}\right)^{\beta}\right] \qquad (3\text{-}55)$$

$$p = \exp\left\{-\left[\frac{\left(\frac{\Delta\sigma}{2}\right)_p - \gamma}{\eta}\right]^{\beta}\right\} \qquad (3\text{-}56)$$

式(3-55)、式(3-56) 经转换后合并为

$$\frac{\Delta\sigma}{2} = \frac{\left(\frac{\Delta\sigma}{2}\right)_p - \gamma}{\left(\frac{\ln p}{\ln 0.5}\right)^{\frac{1}{\beta}}} + \gamma = \frac{\left(\frac{\Delta\sigma}{2}\right)_p}{\left(\frac{\ln p}{\ln 0.5}\right)^{\frac{1}{\beta}}} + \gamma\left[1 - \frac{1}{\left(\frac{\ln p}{\ln 0.5}\right)^{\frac{1}{\beta}}}\right] \qquad (3\text{-}57)$$

对应式(3-48) 的各系数，则

$$A_{\sigma 1} = \left(\frac{\ln p}{\ln 0.5}\right)^{\frac{1}{\beta_1}}, B_{\sigma 1} = \gamma_1\left[1 - \frac{1}{\left(\frac{\ln p}{\ln 0.5}\right)^{\frac{1}{\beta_1}}}\right]$$

$$A_{\sigma 2} = \left(\frac{\ln p}{\ln 0.5}\right)^{\frac{1}{\beta_2}}, B_{\sigma 2} = \gamma_2\left[1 - \frac{1}{\left(\frac{\ln p}{\ln 0.5}\right)^{\frac{1}{\beta_2}}}\right]$$

因此循环应力幅值服从 3-PWD 时有

$$\frac{\Delta\varepsilon^t}{2} = \frac{1}{E}\left\{\frac{\left(\frac{\Delta\sigma}{2}\right)_p}{\left(\frac{\ln p}{\ln 0.5}\right)^{\frac{1}{\beta}}} + \gamma\left[1 - \frac{1}{\left(\frac{\ln p}{\ln 0.5}\right)^{\frac{1}{\beta}}}\right]\right\} +$$

$$\left\{\left\{\frac{\left(\frac{\Delta\sigma}{2}\right)_p}{\left(\frac{\ln p}{\ln 0.5}\right)^{\frac{1}{\beta}}} + \gamma\left[1 - \frac{1}{\left(\frac{\ln p}{\ln 0.5}\right)^{\frac{1}{\beta}}}\right]\right\}\frac{1}{K'}\right\}^{\frac{1}{n'}} \qquad (3\text{-}58)$$

式(3-58)即为循环应力应变关系可靠性通用公式当应力幅服从 3-PWD 时的特殊形式。

比较应变疲劳的循环应力应变关系可靠性公式与应变疲劳寿命可靠性公式，可以发现公式中都是将疲劳随机变量的因变量转换为相应的可靠度形式。因此，可以说循环应力应变关系可靠性公式具有与应变疲劳寿命可靠性公式类似的形式，对应于各常用分布概率模型，表 3-3 列出了式(3-48) 中各系数 $A_{\sigma1}$、$B_{\sigma1}$、$A_{\sigma2}$、$B_{\sigma2}$。

表 3-3　应变疲劳循环应力应变关系可靠性通用公式中的系数

	$A_{\sigma1}$	$B_{\sigma1}$	$A_{\sigma2}$	$B_{\sigma2}$
2-PWD	$\left(\dfrac{\ln p}{\ln 0.5}\right)^{\frac{1}{\beta_1}}$	0	$\left(\dfrac{\ln p}{\ln 0.5}\right)^{\frac{1}{\beta_2}}$	0
3-PWD	$\left(\dfrac{\ln p}{\ln 0.5}\right)^{\frac{1}{\beta_1}}$	$\gamma_1\left[1-\dfrac{1}{\left(\dfrac{\ln p}{\ln 0.5}\right)^{\frac{1}{\beta_1}}}\right]$	$\left(\dfrac{\ln p}{\ln 0.5}\right)^{\frac{1}{\beta_2}}$	$\gamma_2\left[1-\dfrac{1}{\left(\dfrac{\ln p}{\ln 0.5}\right)^{\frac{1}{\beta_2}}}\right]$
ED	$\dfrac{\ln p}{\ln 0.5}$	0	$\dfrac{\ln p}{\ln 0.5}$	0
LND	$10^{\sigma_1\Phi^{-1}(1-p)}$	0	$10^{\sigma_2\Phi^{-1}(1-p)}$	0
ND	1	$-\sigma_1\Phi^{-1}(1-p)$	1	$-\sigma_2\Phi^{-1}(1-p)$

3.4
基于矩法的疲劳可靠性曲线

3.4.1
基于矩法的应力疲劳寿命可靠性曲线

为了便于进行统计分析，根据实践经验，高镇同提出疲劳可靠性曲线假定：正态母体均值 μ_i 和母体标准差 σ_i 均与 $\lg S_i$ 成线性关系[2]。该假定反映了两个问题：首先，假定的前提是各级交变载荷下的疲劳寿命遵循 ND（或 LND）概率模型分布；其次，从广义上看，μ_i 和 σ_i 实际分别为概率模型分布的 1 阶矩和 2 阶矩。为了实现其他概率模型分布函数的疲劳可靠性曲线测定，在应力疲劳寿命可靠性公式(3-38)基础上，本节基于概率模型分布函数的矩法理论[9-10]介绍一种适用于各概率模型分布的应力疲劳可靠性曲线分析方法。

在 n 个不同的应力水平 $S_i (i=1,2,\cdots,n)$ 下进行疲劳试验，考虑到描述疲劳参量概率模型分布的各阶矩总是实际存在的，为适用于各常用概率模型，提出假定：疲劳寿命观测值概率模型分布的母体 1、2、3、4 阶矩均与 $\lg S_i$ 成线性关系。

根据假定，任一 S_i 下的疲劳寿命阶矩估计量可分别写成

$$\hat{\mu}_{ki} = C_{\mu k} + D_{\mu k} \lg S_i \quad (k=1,2,3,4)(i=1,2,\cdots,n) \quad (3-59)$$

式中　　k——概率模型分布矩的阶次；

　　　　$\hat{\mu}_{ki}$——第 i 组试验概率模型分布函数的 k 阶矩；

$C_{\mu k}$，$D_{\mu k}$——概率模型分布矩的待定常数。

当式(3-59)中 $k=1$ 时，1 阶矩 $\hat{\mu}_1$ 表示母体平均值估计量，可用子样平均值估计量作为母体平均值的估计量。因此，当概率模型分布为 ND、ED、WD 时，$\hat{\mu}_1$ 即为 50% 可靠度的子样疲劳寿命；当概率模型分布为 LND 时，$\hat{\mu}_1$ 即为 50% 可靠度的子样对数疲劳寿命。

根据应力疲劳可靠性公式，各概率模型分布的中值可靠度疲劳寿命 N 与安全疲劳寿命 N_p 的关系可表示为

$$N = \frac{N_p}{A_H} + B_H$$

将应力疲劳寿命可靠性公式系数 A_H、B_H 分离变量后，统一表示为概率模型分布矩和可靠度的函数形式，即

$$\begin{cases} A_H = f(\hat{\mu}_{ki}, p) \\ B_H = g(\hat{\mu}_{ki}, p) \end{cases} \quad (3-60)$$

将式(3-59)代入上式得

$$\begin{cases} A_H = f(\hat{\mu}_{ki}, p) = f(C_{\mu k}, D_{\mu k}, \lg S_i, p) \\ B_H = g(\hat{\mu}_{ki}, p) = g(C_{\mu k}, D_{\mu k}, \lg S_i, p) \end{cases} \quad (k=1,2,3,4; i=1,2,\cdots,n)$$

$$(3\text{-}61)$$

将 A_H、B_H 表达式分别代入应力疲劳寿命可靠性关系式，则有

$$\mu_1 = C_{\mu 1} + D_{\mu 1} \lg S_i$$

$$= \frac{N_{pi}}{f(C_{\mu k}, D_{\mu k}, \lg S_i, p)} + g(C_{\mu k}, D_{\mu k}, \lg S_i, p)$$

$$(k=1,2,3,4; i=1,2,\cdots,n) \quad (3\text{-}62)$$

式(3-62)中直接含有可靠度 p、应力 S_i 以及指定可靠度下的寿命 N_p。若指定某一可靠度 p，按此方程可作出任意可靠度的应力疲劳可靠性曲线。

3.4.2
基于矩法的循环应力应变关系可靠性曲线

为了对循环应力应变关系的分散性进行统计分析，类似于 3.4.1 节中应力疲劳寿命可靠性曲线测定方法，可进行基于矩法的循环应力应变关系可靠性曲线分析，以下介绍这一可靠性分析方法。

在 m 个不同的应变水平 $\Delta \varepsilon_i^t / 2 (i=1,2,\cdots,n)$ 下进行疲劳试验，首先分析循环应力应变关系的弹性段，假定在弹性段疲劳循环应力幅观测值概率模型分布的母体 1、2、3、4 阶矩均分别与 $\lg(\Delta \varepsilon^e / 2)$ 成线性关系，于是有

$$\hat{v}_{ki} = E_{\mu k} + \lg(\Delta \varepsilon_i^e / 2)(k=1,2,3,4) \quad (i=1,2,\cdots,n) \quad (3\text{-}63)$$

式中 $\hat{v}_{ki}$ ——第 i 组试验弹性段概率模型函数的 k 阶矩；

       $E_{\mu k}$ ——弹性段概率模型分布矩的待定常数。

根据应变疲劳的循环应力应变关系可靠性公式，弹性段各概率模型分布的 50% 可靠度循环应力幅 $\Delta \sigma / 2$ 与高可靠度应力幅 $(\Delta \sigma / 2)_p$ 的关系可表示为：

$$\frac{\Delta \sigma}{2} = \frac{\left(\dfrac{\Delta \sigma}{2}\right)_p}{A_{\sigma 1}} + B_{\sigma 1}$$

将系数 $A_{\sigma 1}$、$B_{\sigma 1}$ 分离变量后，并以概率模型分布矩和可靠度来表示，即

$$\begin{cases} A_{\sigma 1}=\varphi_1(\hat{v}_{ki},p) \\ B_{\sigma 1}=\phi_1(\hat{v}_{ki},p) \end{cases} \tag{3-64}$$

将式(3-63) 代入式(3-64) 得

$$\begin{cases} A_{\sigma 1}=\varphi_1(\hat{v}_{ki},p)=\varphi_1\left(E_{\mu k},\dfrac{\Delta\varepsilon_i^e}{2},p\right) \\[3mm] B_{\sigma 1}=\phi_1(\hat{v}_{ki},p)=\phi_1\left(E_{\mu k},\dfrac{\Delta\varepsilon_i^e}{2},p\right) \end{cases} \quad (k=1,2,3,4;i=1,2,\cdots,n) \tag{3-65}$$

将 $A_{\sigma 1}$、$B_{\sigma 1}$ 表达式分别代入循环应力应变关系可靠性公式，则有

$$\begin{aligned} \nu_1 &= E_{\mu 1}(\Delta\varepsilon_i^e/2) \\[2mm] &= \dfrac{\left(\dfrac{\Delta\sigma_i}{2}\right)_p}{\varphi_1\left(E_{\mu k},\dfrac{\Delta\varepsilon_i^e}{2},p\right)}+\phi_1\left(E_{\mu k},\dfrac{\Delta\varepsilon_i^e}{2},p\right) \quad (k=1,2,3,4;i=1,2,\cdots,n) \end{aligned} \tag{3-66}$$

式(3-66) 中直接含有可靠度 p、弹性应变幅 $\Delta\varepsilon_i^e/2$，以及定可靠度下的循环应力幅 $(\Delta\sigma/2)_p$。当可靠度 p 确定时，按式(3-66) 可作出应变疲劳弹性段的循环应力应变关系可靠性曲线。

其次分析循环应力应变关系的塑性段，假定其疲劳观测值概率模型分布的母体 1、2、3、4 阶矩均分别与 $\lg(\Delta\varepsilon^p/2)$ 成线性关系，即

$$\hat{\omega}_{ki}=F_{\mu k}+G_{\mu k}\lg(\Delta\varepsilon_i^p/2)(k=1,2,3,4)(i=1,2,\cdots,n) \tag{3-67}$$

式中 $\hat{\omega}_{ki}$——第 i 组试验塑性段概率模型函数的 k 阶矩；

$F_{\mu k}$，$G_{\mu k}$——塑性段概率模型分布矩的待定常数。

塑性段各概率模型分布的 50% 可靠度循环应力幅 $\Delta\sigma/2$ 与高可靠度应力幅 $(\Delta\sigma/2)_p$ 的关系可表示为：

$$\dfrac{\Delta\sigma}{2}=\dfrac{\left(\dfrac{\Delta\sigma}{2}\right)_p}{A_{\sigma 2}}+B_{\sigma 2}$$

将系数 $A_{\sigma 2}$、$B_{\sigma 2}$ 分离变量后，并以概率模型分布矩和可靠度来表示，即

$$\begin{cases} A_{\sigma 2} = \varphi_2(\hat{\omega}_{ki}, p) \\ B_{\sigma 2} = \phi_2(\hat{\omega}_{ki}, p) \end{cases} \tag{3-68}$$

将式（3-67）代入式（3-68）得

$$\begin{cases} A_{\sigma 2} = \varphi_2(\hat{\omega}_{ki}, p) = \varphi_2\left(F_{\mu k}, G_{\mu k}, \lg\frac{\Delta\varepsilon_i^p}{2}, p\right) \\ B_{\sigma 2} = \phi_2(\hat{\omega}_{ki}, p) = \phi_2\left(F_{\mu k}, G_{\mu k}, \lg\frac{\Delta\varepsilon_i^p}{2}, p\right) \end{cases} \quad (k=1,2,3,4; i=1,2,\cdots,n)$$

$$\tag{3-69}$$

将 $A_{\sigma 1}$、$B_{\sigma 1}$ 表达式分别代入循环应力应变关系可靠性公式，则有

$$\omega_1 = F_{\mu 1} + G_{\mu 1}\lg(\Delta\varepsilon_i^p/2)$$

$$= \frac{(\Delta\sigma_i/2)_p}{\varphi_2(F_{\mu k}, G_{\mu k}, \lg(\Delta\varepsilon_i^p/2), p)} + \phi_2(F_{\mu k}, G_{\mu k}, \lg(\Delta\varepsilon_i^p/2), p)$$

$$(k=1,2,3,4; i=1,2,\cdots,n) \tag{3-70}$$

式（3-70）中直接含有可靠度 p、弹性应变幅 $\Delta\varepsilon_i^p/2$，以及定可靠度下的循环应力幅 $(\Delta\sigma/2)_p$。当指定可靠度 p 时，按式（3-70）可作出应变疲劳塑性段的循环应力应变关系可靠性曲线。

3.5

本章小结

① 本章分析了疲劳寿命服从各常用分布概率模型的应力疲劳寿命可靠性分析通用表达式（p-S-N 曲线公式）、疲劳寿命服从各常用分布概率模型的应变疲劳寿命可靠性分析通用表达式（p-$\Delta\varepsilon^t$-N 曲线公式）以及应变疲劳中循环应力幅值服从各常用分布概率模型的循环应力应变关系可靠性分析通用表达式（p-$\Delta\varepsilon^t$-$\Delta\sigma$ 曲线公式）。

② 基于概率模型分布函数的矩法理论，可以分析任意可靠度的

应力疲劳可靠性曲线以及任意可靠度的应变疲劳循环应力应变关系可靠性曲线。

③ 根据本章介绍的各类可靠性分析表达式可进行材料和零部件的疲劳寿命数据分析，以及可靠性的疲劳寿命、性能预测等，这对保证工程零部件设计分析的安全性和进一步发掘材料利用的潜力具有重要意义。

第 4 章
高强合金
材料试验

重大机电设备的使用寿命主要取决于关键结构危险部位的疲劳特性，无论是结构疲劳寿命或强度研究，还是设计新型结构或改进原有结构，都必须以零部件和材料的疲劳试验结果为依据。尤其在复杂和重要的结构设计和寿命分析中，开展疲劳试验研究对于确保设计分析的准确性和结构使用的安全性发挥着不可替代的作用。

按控制方式分类，疲劳试验分为应力控制和应变控制两种，分别简称应力疲劳试验和应变疲劳试验。从工程实际应用上，如果受力结构并没有明显的应力集中，应以应力控制疲劳试验模拟该结构失效；相反如果受力结构存在比较明显的应力集中，应力集中部位有可能发生局部的塑性形变，需要以应变控制疲劳试验模拟该结构的失效。本章以 42CrMo 为例分别介绍应力疲劳和应变疲劳试验，提供应力疲劳和应变疲劳寿命数据和性能参数数据，为高强合金材料的选择、机械设计、疲劳寿命分析提供资料和分析依据。为了更加深入理解机械结构和材料的疲劳寿命和性能分散性数据的本质性原因，将介绍 42CrMo 高强度合金钢的显微疲劳试验，以说明材质、热处理工艺、局部结构以及外载荷随机波动对高强合金材料的损伤分散性的机理。

4.1
42CrMo 齿轮轮齿应力疲劳试验

4.1.1
疲劳寿命试验试件制备

应力疲劳代表了现实中最为常见的疲劳现象，它可以反映构件受到较小载荷幅值控制时的疲劳性能和疲劳寿命变化情况，并且这一载荷幅值应远低于材料的屈服点，疲劳寿命通常大于 $10^5 \sim 10^7$。应力疲劳是疲劳现象分析中最广泛、最深入的领域之一，在机械工程材料手册和机械设计手册中均可以查到工程常用的高强合金材料性能与失效寿命的疲劳性能曲线。

42CrMo属于高强度钢，其具备较高的强度，材料淬透性能好，淬火后的变形量小，大量地应用于牵引用的大齿轮、承压主轴、连杆等传动件材料，进行该材料的应力弯曲疲劳试验对齿轮疲劳寿命预测具有重要意义。进行齿轮弯曲疲劳试验研究的主要目的在于研究齿轮抗弯曲的能力，即齿轮在工作运转的过程中不断地承受重复载荷且不会造成疲劳破坏。齿轮疲劳破坏的主要特征是齿根位置在周期性载荷作用下出现疲劳裂纹，而伴随着裂纹的扩展将导致齿根受力面积不断减小，最终沿着齿根断裂造成齿轮失效。

本试验中的42CrMo齿轮为标准渐开线直齿圆柱齿轮，根据国家标准《齿轮弯曲疲劳强度试验方法》（GB/T 14230—2021），齿轮试件要求见表4-1。

表4-1　齿轮试件的尺寸和参数要求

模数 m /mm	压力角 α /(°)	齿数 Z	齿宽 b /mm	齿根表面粗糙度 Rz /μm	调质 HB	齿面淬火 HRC
5	20	30	10	≤10	230～260	45～50

根据国家标准《合金结构钢》（GB/T 3077—2015），做齿轮材料化学成分分析（详见表4-2）。

表4-2　42CrMo材料化学成分（质量分数）

化学成分	C	Si	Mn	Mo	Cr	P	S	Cu
标准值/%	0.38～0.45	0.17～0.37	0.50～0.80	0.15～0.25	0.90～1.20	≤0.035	≤0.035	≤0.030
实测值/%	0.42	0.31	0.57	0.20	0.95	0.03	0.016	0.105

硬化齿面是提高齿轮强度和承载能力的有效途径，硬化齿面的方法主要有渗碳、渗氮、高频淬火等，由于高频淬火具有成本低、生产效率高、处理后尺寸变化小等特点，是齿轮表面处理的常用方法。

为保持齿轮芯部强度，采用调质后高频淬火的热处理工艺。调质热处理：淬火温度850～870℃，保温时间1.5h，出炉后油中冷却0.5h；回火温度560～580℃，保温时间2h，出炉后在≤80℃油中冷却。热处理工艺见图4-1、图4-2。

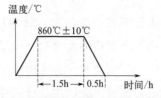

图 4-1　试件的淬火工艺温度曲线

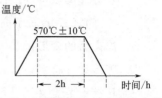

图 4-2　试件的回火工艺温度曲线

42CrMo 材料齿轮的渗透层不易控制得较薄，硬化后易脆化。本次试验采用大功率高频淬火设备，功率为 1kW。采用的热处理工艺为：

① 表面淬火工艺：淬火温度 850℃，频率 200～250kHz，水淬，感应加热时间 2s。

② 回火工艺：回火温度 200℃，空冷，保温时间 1h。

图 4-3 所示为热处理后的淬透层和金相组织。对热处理后的齿轮试件进行检测，轮齿芯部硬度为 300HB 左右，齿顶和齿根硬度为 50～62HRC。

图 4-3　齿部淬硬层宏观形貌

4.1.2

疲劳寿命试验方案

试验在 INSTRON1603 型电磁谐振疲劳试验机上进行，夹具专为齿轮轮齿试验设计改造（图 4-4）。

根据 GB/T 14230—2021 规定，齿轮弯曲疲劳试验可采用负荷运

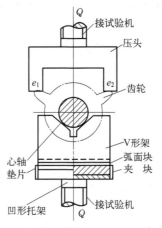

图 4-4　轮齿弯曲试验夹具示意图

转试验或脉动试验。负荷运转试验能完全再现齿轮的实际啮合情况，得到的数据是实际工况的真实反映，但试验周期太长，每种材料昼夜不停运转需近 3 个月。目前齿轮弯曲疲劳试验多用脉动试验。由于轮齿脉动加载试验具有试验速度快、所需试件少、试验操作简便等优点，可大大节省经费和试验时间。脉动试验密集了每次加载频率，试验时间可以缩减至负荷运转试验时间的六分之一甚至更短。

应力控制的 42CrMo 硬齿面标准渐开线直齿圆柱齿轮轮齿的弯曲疲劳试验，采用成组试验法，选择 4 级应力水平。为了正确选择应力水平，先做探索性试验，使高应力水平下各试验齿的失效循环次数尽量在 10^5 以上，而在低应力水平下失效循环次数有大于或接近齿轮循环基数（30.00×10^5）的数据，以尽量扩大试验数据的覆盖面。

要确定弯曲疲劳强度试验加载的最高应力 σ_{Fmax}，首先采用静强度试验确定齿轮齿根可承受的最大弯曲应力。通过静强度试验确定了最高应力水平，4 级应力水平的间隔可由经验和探索性试验决定。

为充分利用有限的试件，应尽可能多地安排试验齿对。但由于断齿会对相邻齿产生一定影响，各试验齿之间至少间隔一个齿。为了保证抽样的随机性和均等性，试验前将试验齿轮及其轮齿随机编号，并根据隔一齿取一组试验齿的原则，绘制轮齿抽样示意图。对于 $Z = 30$ 的试验齿轮，每个齿轮可抽取 6 对试验轮齿，试验时可按编号顺序抽取试验轮齿。

通常轮齿断裂前载荷会略增大然后下降，并有反常的共振声。试验机声音突变到轮齿折断一般时间很短，与轮齿的总寿命相比很小，所以齿轮轮齿弯曲疲劳试验的失效判据以轮齿折断后试验机自动停机的时间作为失效轮齿的全寿命，符合 GB/T 14230—2021 失效判据的规定。

4.1.3
疲劳寿命试验结果数据

试验采用 4 级应力水平 $S_i(i=1,2,3,4)$ 完成 4 组不同应力的轮齿寿命大样本试验，每级应力水平做 8～12 个试件的全寿命试验，试验进行到全部齿轮弯曲疲劳失效为止。4 级应力水平下齿轮寿命试验数据见表 4-3。

表 4-3　齿轮弯曲疲劳寿命数据　　　　　　$\times 10^5$

序号	应力水平			
	$S_1=314.27MPa$	$S_2=264.59MPa$	$S_3=228.10MPa$	$S_4=211.41MPa$
1	1.52	2.60	3.80	7.65
2	1.87	2.99	4.64	8.15
3	1.97	3.37	5.70	8.98
4	2.18	3.66	6.66	9.20
5	2.30	4.02	7.11	9.67
6	2.90	5.30	7.87	9.82
7	3.14	5.97	8.37	11.21
8	3.31	6.29	9.63	11.65
9	—	—	12.36	21.06
10	—	—	15.15	>30.00
11	—	—	19.81	>30.00
12	—	—	>30.00	>30.00

根据表 4-3，应力疲劳试验在 4 级应力水平下轮齿寿命均存在很大差异，且寿命差异在低应力水平区尤为显著。

4.2

42CrMo 高强度合金钢应变疲劳试验

从工程实际应用看，当承受大应力的构件在受力的局部结构上存在比较明显的应力集中时，应力集中部位有可能发生局部的塑性变形，这就需要以应变控制疲劳试验模拟该结构的失效。根据国家标准《金属材料轴向等幅低循环疲劳试验方法》（GB/T 15248—2008）的相关规定可进行高强合金材料的应变疲劳试验。本次试验取 6 级总应变幅值，以获得各总应变幅值下材料应变疲劳性能的试验数据，包括应力幅值、弹（塑）性应变幅值等。

4.2.1

应变疲劳试验试件制备

试验材料为 42CrMo 高强度合金钢。依据国家标准《合金结构钢》（GB/T 3077—2015）进行材料常规力学性能测试，结果如表 4-4 所示。

表 4-4 42CrMo 材料力学性能

力学性能	抗拉强度 σ_b /MPa	屈服强度 σ_s /MPa	延伸率 δ_5 /%	断面收缩率 ψ /%	冲击功 A_k /J
实测值	1100	940	14	50	70

对试件进行调质热处理：

① 淬火温度 850～870℃，保温时间 1.5h，出炉油冷 0.5h；

② 回火温度 560～580℃，保温时间 2h，出炉后在≤80℃的油中冷却。

试样经热处理后按《金属材料轴向等幅低循环疲劳试验方法》（GB/T 15248—2008）加工成标准试样。试样外形与尺寸如图 4-5 所示，取 ϕ10mm 截面、40mm 标距尺寸段为试验段。为保证试验数据的可靠性，加工试样过程中先粗车削和精车削，然后手工操作，用金相砂纸从粗到细逐步将试样标距部分沿轴向和周向抛光，其中最后一次为沿轴向抛光以消除加工过程在试样表层造成的细微擦痕和应力。经检测，试样标距段表面粗糙度最大为 $0.32\mu m$。

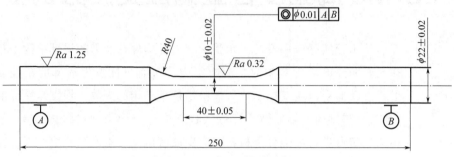

图 4-5　42CrMo 疲劳试样

4.2.2

应变疲劳试验过程

疲劳试验设备为 INSTRON8502 疲劳试验机。试验采用轴向总应变控制方式，拉压对称加载，载荷波形为正弦波，在室温、空气中进行。取 6 级应变幅值，应变范围为 $\pm(0.6 \sim 2.1)\%$。考虑到加载频率过低会使试验周期延长，而加载频率过高又会造成试样温度升高，为防止试样温升超过国标限定的 2℃要求，设定试验机频率为 0.5～1Hz。

为保证试样抽样的机会均等性，尽可能消除加工过程产生的系统误差，将加工完成的试件进行随机分组，每组试件随机编号，按照编号进行试验。

试样的失效判据分为两种：一是以试样产生裂纹时的循环次数作为失效寿命，其标志是试验机峰值载荷下降率，如英、美等国通常以载荷下降5%～10%为标志，或者标志为一定长度的裂纹扩展量；二是以试样断裂时的循环次数作为失效寿命。因试验材料在试验过程中峰值载荷变化明显，本次试验在载荷下降5%时将试验机停机，并记录此时的迟滞回线为循环稳定迟滞回线。

4.2.3
应变疲劳试验结果

（1）应变疲劳的迟滞回线

在应变控制交变载荷作用下，材料应变幅和应力幅的轨线称为迟滞回线。在应变控制模式下，应力随循环次数变化，典型的迟滞回线具有一定的宽度。迟滞回线包含材料在循环过程中应力应变诸多信息，如应力幅、总应变幅、塑性应变幅、弹性应变幅、弹（塑）性应变能以及弹性模量等，对材料应变疲劳行为分析具有非常重要的作用。

通常迟滞回线在恒幅交变载荷下的开始阶段发生如循环硬化、循环软化的瞬态现象，但随着循环次数增加，硬化或软化等瞬态现象将逐渐消失，约在破坏循环数的 $20\%\sim50\%$ 间形成稳定迟滞回线。图 4-6 为 1 个试样在各应变水平（$\Delta\varepsilon^t = 0.72\%$，$0.83\%$，$0.93\%$，$1.04\%$，$1.64\%$，$2.06\%$）的稳定迟滞回线变化图。由图可见，42CrMo 材料在应变疲劳试验中各应变幅值下的应力应变曲线弹性段不随应变幅值的变化而变化，符合 Masing 特性，其循环应力应变关系可用 Ramberg-Osgood 类方程描述。

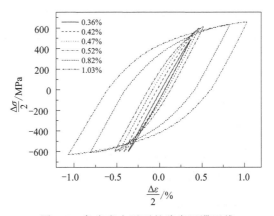

图 4-6　各应变水平下的稳定迟滞回线

图 4-7 所示是当应变范围 $\Delta\varepsilon^t = 2.06\%$ 时各试样的稳定迟滞回线。虽然一般认为当应变幅值水平较高时，材料性能的分散性程度降

低。然而图 4-7 说明在较高应变幅值控制下，42CrMo 材料的迟滞回线仍表现出较大的分散性，即材料的循环应力应变关系分散性较大，因此需进行应变疲劳性能的可靠性分析。应变疲劳试验得到的 6 级应变水平的全部循环应力幅数据见表 4-5。

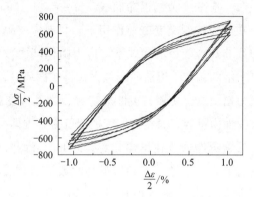

图 4-7　应变幅值 1.03％下的一组迟滞回线比较

表 4-5　应变疲劳试验的循环应力幅

$\dfrac{\Delta\varepsilon^t}{2}/\%$	$\dfrac{\Delta\sigma_i}{2}/MPa$					
0.36	422.879	435.506	481.403	513.175	559.831	572.043
0.42	489.520	536.536	558.229	590.065	618.614	639.206
0.47	534.883	568.659	598.087	622.600	663.265	696.498
0.52	530.932	566.785	612.158	643.718	662.153	708.999
0.82	564.147	604.254	631.638	648.496	679.721	712.243
1.03	588.135	615.474	656.487	690.335	731.917	749.405

（2）循环形变特性

在循环加载过程中，材料可能表现出持续软化、持续硬化，以及软化和硬化现象瞬时变化的复杂情况。将 42CrMo 材料的循环应力应变曲线与单调拉伸曲线相比较，如图 4-8 所示。因单调拉伸曲线在循环应力应变曲线之上，可知 42CrMo 调质后为循环软化材料。因此，在设计产品时必须充分考虑循环软化带来的不利影响，降低产品承受的最大载荷，否则容易在循环载荷下过早地出现破坏，给使用带来不安全因素。

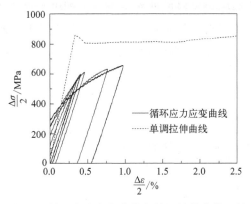

图 4-8 循环应力应变曲线与单调拉伸曲线比较

4.3

42CrMo 高强合金钢显微疲劳试验

机械结构和材料的疲劳寿命和性能具有很大的分散性，本书第 1、2、3 章介绍了综合疲劳学、概率和数理统计学的疲劳统计学原理，提供了疲劳可靠性分析的具体方法。但是材料疲劳的统计学原理仅是尽可能地归纳结构宏观特性的统计规律，但无法了解损伤特性分散性的本质原因。如果仅从宏观表象上分析损伤分散性原因，可认为分散性是由作用在结构上的外载荷随机波动以及结构材质、工艺的内在不均匀性造成的，但这一解释过于笼统，难以把握这一问题的本质。

以齿轮为例说明微观损伤对材料寿命的影响。齿轮在运转啮合的过程中承受交变应力的作用，轮齿表面加工刻痕或内部缺陷等部位，有可能因交变应力的作用引发微裂纹。这些分散的微裂纹逐渐汇聚形成了宏观裂纹，宏观裂纹在轮齿上的缓慢扩展，导致轮齿横截面逐渐缩小，当横截面缩小到一定程度时轮齿会因无法再承受动载荷导致轮齿断裂[4]。根据齿轮微损伤分析可知，材料的疲劳损伤本质上是材料内部微裂纹发展的结果，因此为了解高强合金材料的疲劳损伤机理，可以借助光学显微镜和电子显微镜深入到材料微观世界探求疲劳损伤的微观机制。本节通过介绍 42CrMo 高强合金钢的显微疲劳试验，揭示材料疲劳损伤、疲劳寿命的数据分散性微观机理。

4.3.1
显微疲劳试验装置介绍

疲劳破坏通常起源于试样表面，表面裂纹的观察是疲劳裂纹试验观测的重要研究内容之一。通常对微裂纹的观察采用复型技术，即以醋酸纤维素透明薄膜浸入丙酮溶液，将薄膜附在裂纹附近区域，小心揭下薄膜，干燥后可以得到材料的表面形貌。但这种操作方法受到试验人员的操作技能限制，并且裂纹必须具有相当的长度后才能清晰地显示其形貌，往往裂纹萌生的初期形貌未能捕捉得到。利用显微疲劳试验装置能够在金相级水平上对裂纹的萌生及扩展进行实时观察，进行十分精细的疲劳试验。

显微疲劳试验技术具有以下特点：①在偏振光显微镜下进行细观疲劳试验，最大放大倍数约 2500 倍；②在金相级、微米级水平上，精细观察疲劳过程表面细微的变化，包括晶粒和晶界变化；③通过摄像机，可在计算机屏幕上观察整个疲劳过程；④试验可随时暂停观察和拍摄，可在最大载荷下保持裂纹的张开状态，有利于观察，可容易地在试样表面搜索和扫描，跟踪疲劳裂纹的扩展。

4.3.2
显微疲劳试验试件

显微疲劳试验的材料为 42CrMo，化学成分与宏观疲劳试验试样的化学成分一致（详见表 4-2）。对材料进行退火处理后，其金相组织为铁素体和珠光体，任意取向的平均晶粒直径 $d_0 \approx 20\mu m$，金相组织见图 4-9。该材料力学性能为：屈服强度 760MPa、硬度 20HRC。

图 4-9 退火 42CrMo 原始形貌

试样尺寸如图 4-10 所示。因需直接在显微镜下观察，试验前在试样中心线两侧各预割 2 个 0.5×0.2 的小缺口，以诱导裂纹在缺口处萌生，从而减小了观察工作量。通过预磨、精磨、抛光试样一侧表面，使试样表面在显微疲劳试验机的显微镜下观察无划痕，最后以 3％硝酸酒精溶液轻微腐蚀抛光表面显示其金相组织形貌，以观察微观组织对裂纹萌生扩展的影响。

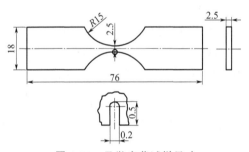

图 4-10　显微疲劳试样尺寸

4.3.3

显微疲劳试验过程

将试样装到显微镜下的疲劳试验加载装置上，为保证系统在加载过程中的稳定性，试验频率保持在 1 Hz。试验在室温、空气中进行正弦波加载，应力比 $R=0.1$，本次试验将共完成 3 个试样的疲劳损伤观察，加载情况见表 4-6。

表 4-6　显微疲劳试验加载状态

序号	应力水平 σ/σ_s	最大载荷/N	最小载荷/N	过载保护/N
1	0.58	1650	165	1900
2	0.54	1550	155	1800
3	0.48	1400	140	1600

随着试验进行，保证每个试样加载 300～1000 周次停机观察 1 次。试验过程由安装在显微镜上方的摄像机以及与摄像机连接的计算机多媒体系统进行记录，可在计算机屏幕上动态观察试验进程。停机后在显微镜下对金相组织和疲劳裂纹进行静态观察，同时对感兴趣的区域拍摄图像并存储起来。通过存储的图像，可方便地观测到疲劳微裂纹的萌生和扩展演化情况。

4.3.4
显微疲劳试验结果

（1）微裂纹萌生阶段

疲劳微裂纹形核总源于驻留滑移带、晶界和夹杂物，这些位置因局部塑性变形产生的应力集中而萌生微裂纹，说明微裂纹萌生过程与循环滑移过程有关。图 4-11 说明了疲劳微裂纹在铁素体－珠光体晶界处的萌生现象。试验表明，在疲劳寿命 N/N_f 约为 10％时就可观察到裂纹萌生，退火 42CrMo 的微裂纹萌生位置以滑移带和铁素体－珠光体晶界处为主，但绝大多数微裂纹在萌生后成为非扩展性微裂纹［见图 4-11(a)］。非扩展性微裂纹表明，一方面反复加载造成微观的不协调塑性变形是微裂纹萌生的重要因素，另一方面萌生的微裂纹可使微观塑性变形的应力集中得到释放，微裂纹缺少了进一步扩展的动力。该阶段萌生的微裂纹长度多为几微米，尤其滑移带微裂纹几乎未扩展到晶界就已停止扩展，说明在微裂纹萌生阶段晶界并不是阻碍裂纹扩展的主要因素。

试样经历了最初的几千次循环，大约在寿命分数 $N/N_f=10％～20％$时，新裂纹继续萌生，但已有的微裂纹长度几乎无变化，因此微裂纹萌生阶段的特征是微裂纹长度变化不明显，裂纹数量随疲劳周次

不断增加 [见图 4-11(b)]。该阶段萌生的微裂纹尺寸小于平均晶粒尺寸，属于微观组织微裂纹 （micro-structurally short cracks，MSC）。

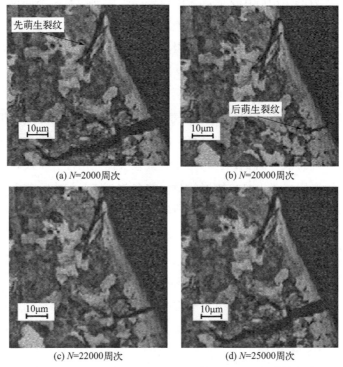

图 4-11　疲劳微裂纹萌生阶段的扩展性与非扩展性裂纹

　　根据逆序观察结果，试样缺口的微观组织缺陷和加工缺陷处萌生的微裂纹最危险，在交变载荷作用下，缺口处萌生的微裂纹总是率先扩展。但有类现象需引起高度关注：最先萌生的微裂纹 （详见图 4-11 中右上裂纹） 长度已扩展到与平均晶粒尺寸 d_0 相当，随后该裂纹停止扩展，且裂纹尖端周围晶粒完好；但在经历了较长的加载时间后，与其邻近的后萌生裂纹 （详见图 4-11 中右下裂纹） 却最终成为扩展性裂纹 [见图 4-11(c)、(d)]。该现象说明了影响微裂纹萌生的因素和影响微裂纹扩展的因素是相互独立的，对裂纹萌生有利的因素不一定有利于裂纹扩展，反之亦然。

　　根据图 4-11 的微裂纹萌生过程，发现先萌生但具有非扩展性裂纹的扩展路径位于铁素体晶粒内，而后萌生但具有扩展性的裂纹则为沿晶界扩展，说明在裂纹萌生阶段本试验材料的裂纹扩展以沿晶扩展为主。在MSC阶段，铁素体晶粒在完成协调塑性变形、释放变形应力的作用后，反而成为阻碍裂纹扩展的因素。不同位向的晶粒间萌生的疲劳微裂纹较之铁素体晶粒内萌生扩展的微裂纹更为危险，尤其是试样边缘晶界处萌生的裂纹，加载过程的不稳定使其很容易成为扩展性裂纹。

（2）微裂纹扩展阶段

图4-12所示为疲劳寿命N/N_f约为20%之后扩展性微裂纹的演化情况。扩展性裂纹总是在试样边缘处的晶界上萌生，然后向试样内部扩展［图4-12(a)］。此时微裂纹优先沿晶界扩展，临近晶界时扩展受阻，未沿晶界扩展的微裂纹在铁素体晶粒内稳定而缓慢扩展，说明疲劳微裂纹扩展阶段的裂纹扩展速率和扩展路径主要受晶界影响。

当微裂纹在铁素体晶粒内扩展时，微裂纹尖端出现较多微小的滑移线［图4-12(b)］，此时晶粒位向对微裂纹扩展方向产生影响，晶粒内滑移线的数量和长度对微裂纹的扩展速率产生影响。这一阶段微裂纹长度已大于组织平均晶粒尺寸，且扩展速率和方向明显受到裂纹尖端塑性区的影响，属于物理微裂纹（physically short cracks，PSC）阶段。

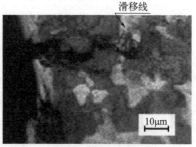

(a) 微裂纹未进入铁素体
（N=3000周次）

(b) 微裂纹尖端铁素体滑移线
（N=5000周次）

图4-12 疲劳微裂纹扩展阶段

（3）局域主导裂纹形成扩展阶段

试验过程中发现，当寿命分数N/N_f大于40%～50%时，扩展性裂纹长度达到$4d_0$～$10d_0$，形成了如图4-13所示的局域主导裂纹

（dominant local field short cracks，DLFSC）。局域主导裂纹仍为微裂纹阶段，其扩展规律具有以下几个特点。

① 裂纹扩展方向虽仍然受到材料微观组织结构影响，但程度减弱。裂纹到达晶界时，稍有停滞后进入下一晶粒。当裂纹接近，但未进入铁素体晶粒时，铁素体晶粒内已出现了由晶界向晶内扩展的滑移带，且随着疲劳周次的增加，滑移带数量不断增多。当滑移带密度达到一定程度，裂纹扩展进入铁素体晶粒，并因与晶粒内的滑移带（可视为 MSC）相汇合而较快扩展（图 4-13）。这是局域主导裂纹做穿晶型扩展的微观机制。

(a) 微裂纹尖端滑移线($N = 13800$周次)

(b) 微裂纹穿晶扩展($N = 14200$周次)

图 4-13　疲劳微裂纹的 DLFSC 扩展阶段

② 裂纹扩展速率变化较为剧烈。本次试验虽是恒幅应力加载，但试验加载装置经常受电压波动影响而难以保持绝对的稳定。试验过程中发现，在两次停机之间载荷若有增值波动（波动范围＜100N），该循环时间段内裂纹扩展速率会出现较大增长，说明局域主导裂纹扩展对外载荷变化极其敏感。

③ 局域主导裂纹扩展过程中，其他区域的非扩展性裂纹的数密度变化很小。

总之在局域主导裂纹形成扩展阶段，一方面局域主导裂纹扩展仍受材料细观组织和局域内裂纹数密度的影响，其扩展行为不能以LEFM描述，符合疲劳微裂纹的非线性行为特征；另一方面，局域主导裂纹在一定区域内扩展，该区域的裂纹数密度迅速增长，而其他区域裂纹数增长受到抑制，体现了微裂纹演化过程的不平衡性和局域性特征。

（4）裂纹扩展速率

应用复型技术测量疲劳微裂纹扩展速率的工艺复杂、准确性差，因此疲劳微裂纹扩展速率的测量一直是疲劳研究中的一项难题。采用显微疲劳试验测试装置，可以从事十分精细的疲劳试验，精确地测量试验中任意循环次数的疲劳微裂纹长度，从而测定疲劳裂纹扩展速率。

图 4-14～图 4-16 分别为显微疲劳试验 3 个试样的局域主导裂纹（根据逆序观察得到）扩展速率曲线图。综合图 4-14～图 4-16 发现，对于每一级载荷水平，当局域主导裂纹长度很小时，其扩展速率较高；随着裂纹长度增加，扩展速率逐渐降低；随后其扩展速率再次提高。因此在进入长裂纹之前，微裂纹具有先减速后加速的扩展特征。更具体地说，当载荷为 1400N、1550N、1650N 时，微裂纹初始扩展速率分别约为 $0.017\mu m$/周次、$0.030\mu m$/周次、$0.033\mu m$/周次，说明随着应力水平 σ 提高，疲劳微裂纹的初始扩展速率相应增大。但 3 个试样的 da/dN 最小值大约都集中在 $0.003\sim0.01\mu m$/周次之间，并且 da/dN 最小值对应的裂纹长度也都集中在 $40\sim70\mu m$，其值与载荷大小没有表现出明显的相关性。因此微裂纹扩展速率最小值以及其对应的裂纹长度 a 都可看作与应力水平 σ 无关，说明的确存在裂纹扩展的特征尺寸 a_l，其值与试验材料的平均晶粒尺寸 $d_0(a_l\approx1.5d_0\sim3.5d_0)$ 有关。

根据 42CrMo 高强合金材料显微疲劳试验结果可以看出，材料表面疲劳微裂纹萌生扩展具有随机性和局域性特点。其中疲劳微裂纹萌生与材料微观组织缺陷的随机性有关，且先萌生的疲劳微裂纹可能中

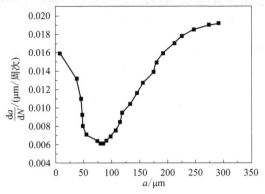

图 4-14 载荷 1400N 时的微裂纹扩展速率曲线

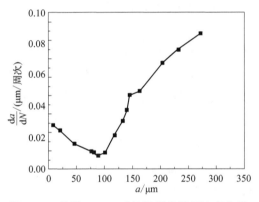

图 4-15 载荷 1550N 时的微裂纹扩展速率曲线

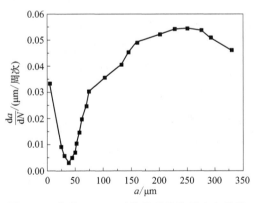

图 4-16 载荷 1650N 时的微裂纹扩展速率曲线

途停止扩展，后萌生的微裂纹最终发展为局域主导裂纹。离局域主导裂纹的裂纹尖端塑性影响区较远的区域裂纹很稀疏，局域主导裂纹的裂纹尖端的塑性影响区分布着大量微观组织微裂纹，局域主导裂纹自身扩展的同时，也与微观组织微裂纹汇合而扩展。

4.4
本章小结

① 42CrMo 硬齿面齿轮轮齿的应力疲劳试验采用成组试验法，取 4 级应力水平，其中高载荷水平的疲劳寿命高于 10^5，低载荷水平的部分疲劳寿命高于循环基数 30.00×10^5。根据齿轮轮齿的弯曲疲劳寿命数据可以看出，4 级应力水平下测试得到的轮齿寿命均存在很大差异，尤其在低应力水平区，轮齿寿命相差接近 10 倍，这说明非常有必要进行齿轮轮齿弯曲应力寿命的可靠性分析。

② 根据应变疲劳试验记录的循环应力和单调拉伸应力的比较，42CrMo 应变疲劳性能表现为循环软化特征。在恒应变幅值下，42CrMo 材料应变疲劳试验的稳定迟滞回线具有较大的分散性。

③ 通过 42CrMo 高强合金材料显微疲劳试验可以看出，材料表面疲劳微裂纹萌生具有明显的随机性特征。材料的冷热加工及结构等原因不可避免地造成了材料微观组织缺陷的随机性；又因为先萌生的疲劳微裂纹并非线性匀速地发展为局域主导裂纹，局域主导裂纹更有可能通过微裂纹的汇合形成，同时局域主导裂纹经过自身扩展并在扩展过程中不断与其他区域的微裂纹汇合而加速扩展成长裂纹，裂纹的萌生扩展过程具有明显的随机性特点。这正是高强合金材料疲劳可靠性预测与分析的微观损伤机理。

第5章
高强合金材料的可靠性预测实例

相同类型的零构件即使经过严格的取样、热处理和机械加工，在同一工况下使用时仍然体现出不同的性能，导致疲劳寿命或疲劳性能数据相差数倍之多，存在很大的分散性。因此需要在疲劳理论指导下进行概率论和数理统计分析，将无序的离散性数据转化为描述疲劳本质关系的统计规律。本章以 42CrMo、40Cr、2A12 等高强合金材料为例，介绍本书第 2、3 章介绍的常用概率模型设计参数估计、统计检验和概率模型综合评价等可靠性预测的使用方法。

5.1
42CrMo 齿轮参数估计及概率模型综合评价

5.1.1
应力疲劳寿命的参数估计

　　为了分析 42CrMo 合金钢的疲劳可靠性关系，应用恒载荷下疲劳寿命和循环应力应变关系可靠性分析模型，确定 42CrMo 应力疲劳寿命可靠性曲线和应变疲劳应力应变关系可靠性曲线，以给出概率疲劳寿命和性能预测的科学判定依据。

　　通过 42CrMo 硬齿面齿轮轮齿弯曲应力疲劳试验，得到 4 组疲劳失效寿命数据（表 5-1）。对 4 组疲劳寿命数据进行参数估计，可靠度估计量采用中位秩，见式(2-2)。以第 1 组即应力水平为 314.27MPa时数据为例，寿命数据和可靠度估计量如表 5-2 所示。

表 5-1　齿轮弯曲疲劳寿命数据　　　　　　　　$\times 10^5$

序号	应力水平			
	$S_1 = 314.27\text{MPa}$	$S_2 = 264.59\text{MPa}$	$S_3 = 228.10\text{MPa}$	$S_4 = 211.41\text{MPa}$
1	1.52	2.60	3.80	7.65

序号	应力水平			
	$S_1=314.27$MPa	$S_2=264.59$MPa	$S_3=228.10$MPa	$S_4=211.41$MPa
2	1.87	2.99	4.64	8.15
3	1.97	3.37	5.70	8.98
4	2.18	3.66	6.66	9.20
5	2.30	4.02	7.11	9.67
6	2.90	5.30	7.87	9.82
7	3.14	5.97	8.37	11.21
8	3.31	6.29	9.63	11.65
9	—	—	12.36	21.06
10	—	—	15.15	>30.00
11	—	—	19.81	>30.00
12	—	—	>30.00	>30.00

表 5-2　硬齿面齿轮弯曲疲劳寿命及其可靠度估计量

序号 i	1	2	3	4	5	6	7	8
疲劳寿命 $x/10^5$	1.52	1.87	1.97	2.18	2.30	2.90	3.14	3.31
可靠度估计量 $\hat{P}(x_i)/\%$	0.9167	0.7976	0.6786	0.5595	0.4405	0.3214	0.2024	0.0833

根据表 5-2 的疲劳寿命及其可靠度估计量,分别将 8 组母体可靠度估计量代入 $\ln\ln\left[\dfrac{1}{\hat{P}(x_i)}\right]$ $(i=1,2,\cdots,8)$,由线性插值法得 $\hat{M}_0$ 的估计量,即 $\hat{M}_0=2.85\times10^5$。将疲劳寿命和可靠度估计量 $(x_i-\hat{M}_0,-\ln\hat{P}_i(x))$ 代入式(2-17),得点估计值 $\hat{A}=1.456$、$\hat{B}=0.7220$,于是可得 $\hat{\beta}$、$\hat{\eta}$、$\hat{\gamma}$ 的估计值:

$$\hat{\beta}=3.14,\hat{\eta}=2.15\times10^5,\hat{\gamma}=0.70\times10^5$$

由此可应用 D_n-拟合检验法进行该分布概率模型的假设检验,计算子样经验分布函数 $F_n(x_i)$ 和理论分布函数值 $F(x_i)$,结果列入表 5-3。

表 5-3　硬齿面齿轮弯曲疲劳寿命的 D_n-统计量

序号 i	观测值 $x_i(10^5)$	经验分布函数值 $F_n(x_i)$	理论分布函数值 $F(x_i)$	$\lvert F_n(x_i)-F(x_i)\rvert$	$\lvert F_n(x_{i+1})-F(x_i)\rvert$
1	1.52	0.0833	0.0475	0.0358	0.1549
2	1.87	0.2024	0.1379	0.0645	0.1835
3	1.97	0.3214	0.1746	0.1468	0.2659
4	2.18	0.4405	0.2666	0.1739	0.2929
5	2.30	0.5595	0.3269	0.2326	0.3517
6	2.90	0.6786	0.6586	0.0200	0.1390
7	3.14	0.7976	0.7740	0.0236	0.1427
8	3.31	0.9167	0.8407	0.0760	—

由表 5-3 得 $\lvert F_n(x_i)-F(x_i)\rvert$ 或 $\lvert F_n(x_{i+1})-F(x_i)\rvert$ 最大值为 $D_n=0.3517$，通过查 Колмогоров 检验临界值表，当 $n=8$ 时，对应于显著度 $\alpha=0.05$ 的临界值 $D_{8,0.05}=0.4543$。显然 $D_n=0.3517<0.4543$，认为可以通过检验，即认为母体符合

$$P(x)=\exp\left[-\left(\frac{x-0.70}{2.15}\right)^{3.14}\right] \tag{5-1}$$

分布概率模型。

类似地，按照以上方法以 3-PWD 对 42CrMo 硬齿面齿轮弯曲疲劳失效寿命的各组数据进行分析，得到的估计值列入表 5-4 中。以 D_n-拟合检验法对上述各应力水平下的分布概率模型进行假设检验，均可通过检验。

表 5-4　各应力水平下的 3-PWD 参数估计结果

应力水平 S/MPa	$\hat{M}_0/(\times10^5)$	$\hat{A}$	$\hat{B}$	$\hat{\beta}$	$\hat{\eta}/(\times10^5)$	$\hat{\gamma}/(\times10^5)$
$S_1=314.27$	2.85	1.456	0.722	3.14	2.15	0.70
$S_2=264.59$	4.78	0.606	0.108	2.43	4.01	0.77
$S_3=228.10$	10.50	0.151	0.001	1.09	7.23	3.27
$S_4=211.41$	10.33	0.219	0.004	1.23	5.62	4.71

5.1.2
应力疲劳寿命的疲劳概率模型综合评价

根据 42CrMo 硬齿面齿轮轮齿试验疲劳寿命的 3-PWD 参数估计和假设检验，说明估计与试验数据相互吻合得较好。然而，要弄清其他疲劳概率模型是否也适合于描述这些失效寿命数据，以及各概率模型的描述是否会更优，就有必要进行硬齿面齿轮轮齿疲劳寿命的疲劳概率模型综合评价。

对疲劳概率模型非线性方程进行回归线性化，各概率模型的参数估计和假设检验有关参数计算结果如表 5-5～表 5-9 所示。

表 5-5　ND 概率模型参数估计和假设检验结果

参数	$S_1 = 314.27\text{MPa}$	$S_2 = 264.59\text{MPa}$	$S_3 = 228.10\text{MPa}$	$S_4 = 211.41\text{MPa}$
$\overline{X}$	2.40	4.28	9.19	10.82
L_{XX}	2.92	13.70	233.63	131.21
L_{XY}	4.86	10.34	40.05	23.97
L_{YY}	8.862	8.862	7.751	6.613
$\hat{A}$	-3.98	-3.23	-1.58	-1.98
$\hat{B}$	1.66	0.75	0.17	0.18
S_T	8.862	8.861	7.751	6.613
S_R	8.067	7.798	6.867	4.378
S_e	0.796	1.064	0.884	2.235
$\hat{\mu}$	2.40	4.28	9.19	10.82
$\hat{\sigma}$	0.60	1.33	5.83	5.47
F	60.84	43.96	69.92	13.71
r	0.9541	0.9380	0.9413	0.8136
t	7.80	6.63	8.36	3.70

表 5-6 LND 概率模型参数估计和假设检验结果

	$S_1 = 314.27\text{MPa}$	$S_2 = 264.59\text{MPa}$	$S_3 = 228.10\text{MPa}$	$S_4 = 211.41\text{MPa}$
$\overline{X}$	5.37	5.61	5.91	6.01
L_{XX}	0.10	0.14	0.46	0.13
L_{XY}	0.90	1.07	1.87	0.84
L_{YY}	8.862	8.862	7.752	6.613
$\hat{A}$	-48.97	-42.32	-23.85	-37.38
$\hat{B}$	9.13	7.54	4.03	6.22
S_T	8.862	8.862	7.751	6.613
S_R	8.225	8.037	7.556	5.209
S_e	0.637	0.825	0.195	1.404
$\hat{\mu}$	5.37	5.61	5.91	6.01
$\hat{\sigma}$	0.11	0.13	0.25	0.16
F	77.44	58.42	23.42	25.97
r	0.9634	0.9523	0.8873	0.8875
t	8.80	7.64	4.87	5.10

表 5-7 ED 概率模型参数估计和假设检验结果

	$S_1 = 314.27\text{MPa}$	$S_2 = 264.59\text{MPa}$	$S_3 = 228.10\text{MPa}$	$S_4 = 211.41\text{MPa}$
$\overline{X}$	2.39	4.28	9.19	10.82
$\overline{Y}$	0.9149	0.9149	0.9325	0.9218
L_{XX}	2.92	13.70	233.62	131.21
L_{XY}	3.45	7.53	40.27	24.55
L_{YY}	4.538	4.538	6.989	5.340
$\hat{B}$	1.18	0.55	0.17	0.19
S_T	4.538	4.538	6.989	5.340
S_R	4.064	4.132	6.941	4.595
S_e	0.474	0.406	0.048	0.746
$\hat{\lambda}$	1.18	0.55	0.17	0.19
F	51.42	61.13	1292.03	43.14
r	0.9463	0.9544	0.9965	0.9276
t	7.171	7.819	35.945	6.568

表 5-8　2-PWD 概率模型参数估计和假设检验结果

	$S_1 = 314.27\text{MPa}$	$S_2 = 264.59\text{MPa}$	$S_3 = 228.10\text{MPa}$	$S_4 = 211.41\text{MPa}$
$\overline{X}$	0.84	1.40	2.10	2.34
$\overline{Y}$	−0.5140	−0.5141	−0.5266	−0.5190
L_{XX}	0.52	0.75	2.46	0.71
L_{XY}	2.04	2.41	5.40	2.18
L_{YY}	8.355	8.355	12.63	9.762
$\hat{A}$	−3.80	−5.04	−5.14	−7.63
$\hat{B}$	3.90	3.22	2.20	3.04
S_T	8.355	8.355	12.634	9.762
S_R	7.957	7.758	11.834	6.618
S_e	0.3974	0.5966	0.8000	3.1442
$\hat{\beta}$	3.90	3.22	2.19	3.04
$\hat{\eta}$	2.65	4.79	10.42	12.26
F	120.2	78.02	133.1	14.73
r	0.9759	0.9636	0.9678	0.8234
t	11.0	8.83	11.5	3.84

表 5-9　3-PWD 概率模型参数估计和假设检验结果

	$S_1 = 314.27\text{MPa}$	$S_2 = 264.59\text{MPa}$	$S_3 = 228.10\text{MPa}$	$S_4 = 211.41\text{MPa}$
$\overline{X}$	0.46	1.18	1.42	1.68
$\overline{Y}$	−0.5141	−0.5141	−0.5266	−0.5190
L_{XX}	1.12	1.15	9.67	2.00
L_{XY}	3.01	3.01	11.00	3.89
L_{YY}	8.355	8.355	12.634	9.762
$\hat{A}$	−1.75	−3.61	−2.14	−3.79
$\hat{B}$	2.68	2.61	1.13	1.95
S_T	8.355	8.355	12.643	9.762
S_R	8.075	7.861	12.502	7.596

	$S_1 = 314.27\text{MPa}$	$S_2 = 264.59\text{MPa}$	$S_3 = 228.10\text{MPa}$	$S_4 = 211.41\text{MPa}$
S_e	0.2794	0.4940	0.1327	2.1659
$\hat{\beta}$	2.68	2.61	1.14	1.95
$\hat{\eta}$	1.92	3.97	6.58	6.99
$\hat{\gamma}$	0.70	0.77	3.27	4.71
F	173.4	95.5	847.9	24.6
r	0.9831	0.9700	0.9947	0.8821
t	13.17	9.77	29.12	4.95

分别查 F-分布表、r-分布表和 t-分布表,显著性水平 $\alpha = 0.05$ 的临界值分别见表 5-10。

表 5-10　显著度 $\alpha = 0.05$ 检验临界值

	$S_1(n=8)$	$S_2(n=8)$	$S_3(n=11)$	$S_4(n=9)$
$F_{1-0.05}(1,n-2)$	5.99	5.99	5.12	5.59
$r_{0.05}(n-2)$	0.7067	0.7067	0.6021	0.6664
$t_{1-0.025}(n-2)$	2.447	2.447	2.262	2.365

将表 5-10 的检验临界值与概率模型对应的检验统计量做比较,各概率模型均通过检验,即 LND、ND、ED、2-PWD 和 3-PWD 中任一概率模型都可作为 42CrMo 硬齿面齿轮失效寿命预测概率模型,因此需以第 2 章中疲劳概率模型综合评价方法进行概率模型"选优"。若以 Pearson 线性拟合相关系数 r 作为检验统计量,将概率模型对各试验应力水平上的拟合系数 $r_{i,j}$ 代入式(2-40),可得疲劳概率模型综合评价系数 $\overline{\rho}_i$ (表 5-11)。

表 5-11　疲劳概率模型综合评价系数

	$S_1(n=8)$	$S_2(n=8)$	$S_3(n=11)$	$S_4(n=9)$	$\overline{\rho}_i$
ND	0.9541	0.9380	0.9413	0.8136	-0.1176
LND	0.9634	0.9523	0.9873	0.8873	0.0257
ED	0.9463	0.9544	0.9965	0.9276	0.0602

	$S_1(n=8)$	$S_2(n=8)$	$S_3(n=11)$	$S_4(n=9)$	$\overline{\rho}_i$
2-PWD	0.9759	0.9636	0.9678	0.8234	−0.0339
3-PWD	0.9831	0.9700	0.9947	0.8821	0.0653

根据疲劳概率模型综合评价系数 $\overline{\rho}_i$ 可知，对于 42CrMo 齿轮轮齿弯曲疲劳试验失效寿命的分布概率模型综合预测能力排序为 3-PWD、ED、LND、2-PWD、ND。

5.1.3

应力疲劳寿命可靠性分析

根据 42CrMo 硬齿面齿轮轮齿弯曲应力疲劳寿命数据的参数估计、统计检验和概率模型综合评价，该套数据的最佳拟合效果为 3-PWD。根据威布尔矩的定义：$\mu_k = \gamma + (\eta/k^{1/\beta})\Gamma(1+1/\beta)$，求得各阶矩作为母体参数的估计量（详见表 5-12）。

表 5-12 应力疲劳寿命母体估计量

参数	$S_1=314.27\text{MPa}$	$S_2=264.59\text{MPa}$	$S_3=228.10\text{MPa}$	$S_4=211.41\text{MPa}$
$\mu_{1i}=[N_{50}]_i/(\times 10^5)$	2.2402	3.8403	8.1205	10.5156
$\mu_{2i}/(\times 10^5)$	2.2423	3.4426	6.9749	7.7014
$\mu_{4i}/(\times 10^5)$	1.9364	2.7788	5.2316	6.4135

将各阶矩代入 3-PWD 参数可得任意可靠度的 $S\text{-}N$ 曲线，其中应力疲劳试验的疲劳寿命 50%-S-N 可靠性曲线公式为

$$S^{4.01}N=2.24\times 10^{15} \tag{5-2}$$

95%-S-N 可靠性曲线公式为

$$S^{3.14}N=9.62\times 10^{12} \tag{5-3}$$

99%-S-N 可靠性曲线公式为

$$S^{2.76}N=7.82\times 10^{11} \tag{5-4}$$

42CrMo 硬齿面齿轮轮齿的应力疲劳寿命试验数据和可靠性曲线如图 5-1 所示。由图可知，根据应力疲劳寿命可靠性公式拟合的可靠性曲线可较好地描述应力疲劳寿命数据的分散性。

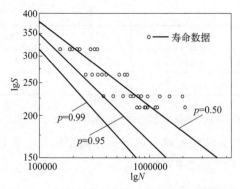

图 5-1　应力疲劳寿命试验数据和可靠性曲线

5.2

42CrMo 材料应变疲劳可靠性曲线

5.2.1

应变疲劳循环应力幅的参数估计

42CrMo 材料应变疲劳试验得到 6 组循环应力幅分散性数据（表 5-13），从应变疲劳试验结果可以看出，同一应变幅值下材料迟滞回线仍表现出很大的分散性。这说明即使控制恒幅外载，也会得到随机应力加载史，因此可用可靠性预测模型进行 42CrMo 合金钢的 CSS 曲线分析。

表 5-13　应变疲劳试验的循环应力幅

$\dfrac{\Delta\varepsilon^t}{2}/\%$	$\dfrac{\Delta\sigma_i}{2}/\mathrm{MPa}$					
0.36	422.879	435.506	481.403	513.175	559.831	572.043
0.42	489.520	536.536	558.229	590.065	618.614	639.206
0.47	534.883	568.659	598.087	622.600	663.265	696.498
0.52	530.932	566.785	612.158	643.718	662.153	708.999

$\dfrac{\Delta\varepsilon^t}{2}/\%$	$\dfrac{\Delta\sigma_i}{2}/\text{MPa}$					
0.82	564.147	604.254	631.638	648.496	679.721	712.243
1.03	588.135	615.474	656.487	690.335	731.917	749.405

对 42CrMo 材料应变疲劳循环应力幅试验数据进行参数估计，其中可靠度估计量采用中位秩，见式(2-2)。根据疲劳概率模型二项式系数拟合方法，分别对各应变水平下的循环应力幅进行 3-PWD 分布概率模型参数估计（表 5-14），并以 D_n-拟合检验法进行概率模型的假设检验，均可通过检验。

表 5-14 各应变水平下 3-PWD 参数估计结果

$\Delta\varepsilon^t/\%$	$\hat{M}_0/\text{MPa}$	$\hat{A}$	$\hat{B}/(10^{-5})$	$\hat{\beta}$	$\hat{\eta}/\text{MPa}$	$\hat{\gamma}/\text{MPa}$
0.72	519.039	0.0145	6.2972	2.507	173.250	345.790
0.83	596.312	0.0196	11.1878	2.380	121.157	475.155
0.93	632.864	0.0136	6.3916	3.274	241.369	391.495
1.04	646.508	0.0145	7.4973	3.536	244.530	401.978
1.64	660.894	0.0174	10.6699	3.434	197.928	462.966
2.06	694.708	0.0148	6.5652	2.511	170.001	524.707

表 5-15 42CrMo 材料循环应力幅各概率模型参数估计结果

模型		$\Delta\varepsilon^t/2$					
		0.315%	0.366%	0.419%	0.471%	0.770%	0.983%
ND	$\hat{\mu}/\text{MPa}$	497.483	572.028	613.999	620.791	640.083	671.959
	$\hat{\sigma}/\text{MPa}$	72.318	63.123	67.985	73.966	60.011	73.324
LND	$\hat{\mu}$	2.694	2.756	2.787	2.791	2.805	2.826
	$\hat{\sigma}$	0.064	0.049	0.048	0.053	0.041	0.038
ED	$\hat{\lambda}$	0.012	0.013	0.013	0.011	0.013	0.011
2-PWD	$\hat{\beta}$	8.145	10.757	10.751	9.957	12.698	10.899
	$\hat{\eta}/\text{MPa}$	525.534	596.897	640.722	649.784	663.914	700.869

以 ND、LND、ED、2-PWD 和 3-PWD 分布概率模型分别拟合总应变幅 $\Delta\varepsilon^t/2$ 下的循环应力幅值，对得到的 42CrMo 材料应变疲劳

循环应力幅进行各分布概率模型参数估计和假设检验，见表 5-15。经查统计量分布临界表，各概率模型均可通过检验。

5.2.2
应变疲劳循环应力幅的疲劳概率模型综合评价

为了评价不同载荷水平上各组疲劳数据的概率模型预测能力，以式(2-40)进行综合评价，所得系数 $\bar{\rho}_i$ 见表 5-16。

表 5-16　疲劳概率模型综合评价系数

模型	$\Delta\varepsilon^t/2$						$\bar{\rho}_i$
	0.315%	0.366%	0.419%	0.471%	0.770%	0.983%	
ND	0.9752	0.9925	0.9912	0.9926	0.9956	0.9874	0.0673
LND	0.9753	0.9884	0.9978	0.9930	0.9971	0.9865	0.0706
ED	0.9331	0.9256	0.9657	0.9472	0.9140	0.9353	−0.2463
2-PWD	0.9679	0.9973	0.9891	0.9935	0.9963	0.9847	0.0616
3-PWD	0.9748	0.9565	0.9966	0.9957	0.9983	0.9910	0.0457

根据表 5-16，对于 42CrMo 材料应变疲劳循环应力幅的分布概率模型综合预测能力排序为 LND、ND、2-PWD、3-PWD、ED。

5.2.3
应变疲劳循环应力应变关系可靠性分析

由上述分析可知，分布概率模型中以 LND 对 42CrMo 应变疲劳循环应力幅的综合预测能力最好。以 LND 为最佳拟合分布概率模型，确定应变疲劳高可靠度的循环应力幅曲线公式的各项参数。因循环应力幅服从 LND，以循环应力幅的子样中值作为母体平均值估计量（表 5-17）。

表 5-17　循环应力幅母体估计量

$\Delta\varepsilon^t/2$	0.315%	0.366%	0.419%	0.471%	0.770%	0.983%
$\hat{\nu}_{1i}/\text{MPa}$	2.694	2.756	2.787	2.791	2.805	2.826
$\hat{\nu}_{2i}/\text{MPa}$	0.064	0.049	0.048	0.053	0.041	0.048

将 $\hat{v}_{1i}$、$\hat{v}_{2i}$ 分别与 $\Delta\varepsilon_i^e/2$ 根据最小二乘法按式(3-63)拟合,得拟合系数 $E_{\mu 1}=5.205$、$E_{\mu 2}=0.050$。将 $\hat{v}_{1i}$、$\hat{v}_{2i}$ 分别与 $\lg(\Delta\varepsilon_i^e/2)$ 根据最小二乘法按式(3-67)拟合,得拟合系数 $F_{\mu 1}=2.957$、$F_{\mu 1}=0.057$、$G_{\mu 2}=0.028$、$G_{\mu 2}=-0.007$。

根据循环应力应变关系可靠性曲线公式,LND 的 $A_\sigma=10^{\sigma\Phi^{-1}(1-p)}$、$B_\sigma=0$。将拟合系数代入循环应力应变关系可靠性曲线公式,可直接得到任意可靠度的公式。因此 50% 可靠度的循环应力应变关系曲线方程为

$$\frac{\Delta\varepsilon^t}{2}=\frac{1}{160143}\times\frac{\Delta\sigma}{2}+\left(\frac{1}{905.275}\frac{\Delta\sigma}{2}\right)^{17.446} \tag{5-5}$$

99% 可靠度的循环应力应变关系曲线方程为

$$\frac{\Delta\varepsilon^t}{2}=\frac{1}{142613}\times\frac{\Delta\sigma}{2}+\left(\frac{1}{778.753}\frac{\Delta\sigma}{2}\right)^{13.569} \tag{5-6}$$

42CrMo 材料应变疲劳的循环应力幅数据和循环应力应变关系可靠性曲线如图 5-2 所示。由图可知,根据应变疲劳循环应力应变关系可靠性公式拟合的可靠性曲线可较好地描述循环应力幅数据的分散性。

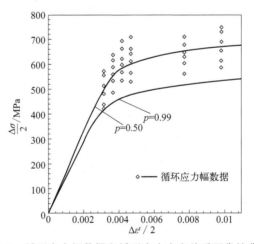

图 5-2　循环应力幅数据和循环应力应变关系可靠性曲线

循环应力应变关系是材料在应变疲劳条件下的真实应力应变特性的反映,它的随机变化是影响应变疲劳分析的重要因素。42CrMo 合金钢应变疲劳中表现出的循环软化特性是材料性能劣化的体现,以真

实应力幅和弹（塑）性应变幅反映循环塑性变形及其累积效应，为进行应变疲劳损伤和应变疲劳寿命分析奠定基础。

5.3
40Cr 参数估计及概率模型综合评价

为深入了解国产齿轮在材料冶炼、机械加工、热处理工艺等方面与 ISO 试验齿轮的差距，文献 [19-20] 完成了一系列齿轮疲劳弯曲强度特性的试验研究。选取其中的 40Cr 齿轮弯曲疲劳强度的失效寿命数据[19] 作为疲劳概率模型综合评价方法的实例，说明疲劳可靠性预测的应用。

4 级应力水平的轮齿疲劳试验失效寿命数据及其可靠度估计量（中位秩）如表 5-18 所示。

表 5-18 40Cr 调质齿轮弯曲疲劳寿命

序号	$S_1=$ 467.2MPa	$\hat{p}_1$	$S_2=$ 424.3MPa	$\hat{p}_2$	$S_3=$ 381.6MPa	$\hat{p}_3$	$S_4=$ 339.0MPa	$\hat{p}_4$
1	1.404×10^5	0.8906	1.573×10^5	0.9054	2.919×10^5	0.9167	3.879×10^5	0.9167
2	1.508×10^5	0.7344	1.723×10^5	0.7703	3.024×10^5	0.7976	4.890×10^5	0.7976
3	1.572×10^5	0.5781	1.857×10^5	0.6351	3.250×10^5	0.6786	5.657×10^5	0.6786
4	1.738×10^5	0.4219	1.872×10^5	0.5000	3.343×10^5	0.5595	5.738×10^5	0.5595
5	1.901×10^5	0.2656	1.984×10^5	0.3649	3.714×10^5	0.4405	6.332×10^5	0.4405
6	2.060×10^5	0.1094	2.117×10^5	0.2297	4.056×10^5	0.3214	7.195×10^5	0.3214
7	—	—	2.423×10^5	0.0946	6.355×10^5	0.2024	7.518×10^5	0.2024
8	—	—	—	—	6.668×10^5	0.0833	10.813×10^5	0.0833

根据表 5-18 中疲劳寿命及其可靠度估计量，由线性插值法得 $\hat{M}_0$ 的估计量。将疲劳寿命和可靠度估计量 $(x_i-\hat{M}_0, -\ln\hat{P}(x_i))$ 代入式(2-17)，得点估计值 $\hat{A}$ 和 $\hat{B}$，再根据式(2-18)得 $\hat{\beta}$、$\hat{\eta}$、$\hat{\gamma}$ 的估

计值。以 3-PWD 对 40Cr 调质齿轮弯曲疲劳失效寿命的各组数据进行分析，得到的估计值列入表 5-19 中。

表 5-19 各应力水平下的 3-PWD 参数估计结果

应力水平/MPa	$\hat{M}_0/(\times 10^5)$	$\hat{A}$	$\hat{B}$	$\hat{\beta}$	$\hat{\eta}/(\times 10^5)$	$\hat{\gamma}/(\times 10^5)$
$S_1 = 467.2$	1.791	3.348	3.095	2.233	0.667	1.124
$S_2 = 424.3$	1.982	2.756	0.962	1.339	0.465	1.517
$S_3 = 381.6$	3.980	0.715	0.089	1.532	2.145	1.835
$S_4 = 339.0$	6.881	0.359	0.007	1.122	3.134	3.747

以 D_n-拟合检验法对各个分布概率模型进行假设检验，均可通过检验。将各疲劳概率模型非线性方程进行回归线性化，以评价各概率模型对该套数据的预测能力。各概率模型的参数估计和假设检验有关参数计算结果如表 5-20～表 5-24 所示。

表 5-20 ND 概率模型参数估计和假设检验结果

参数	$S_1 = 467.2$MPa	$S_2 = 424.3$MPa	$S_3 = 381.6$MPa	$S_4 = 339.0$MPa
$\overline{X}$	1.697	1.936	4.166	6.503
L_{XX}	0.312	0.460	15.644	30.903
L_{XY}	1.086	1.452	8.388	12.580
L_{YY}	3.890	4.783	5.687	5.687
$\hat{A}$	-5.903	-4.112	-2.234	-2.647
$\hat{B}$	3.478	3.158	0.536	0.407
S_T	3.890	4.783	5.687	5.687
S_R	3.777	4.583	4.498	5.121
S_e	0.113	0.199	1.189	0.566
$\hat{\mu}$	1.697	1.936	4.166	6.503
$\hat{\sigma}$	0.2875	0.3167	1.8649	2.4565
F	134.0	115.0	22.70	54.32
r	0.9854	0.9790	0.8894	0.9490
t	11.575	10.725	4.765	7.370

表 5-21　LND 概率模型参数估计和假设检验结果

参数	$S_1 = 467.2\text{MPa}$	$S_2 = 424.3\text{MPa}$	$S_3 = 381.6\text{MPa}$	$S_4 = 339.0\text{MPa}$
$\overline{X}$	5.226	5.283	5.598	5.795
L_{XX}	0.020	0.022	0.138	0.124
L_{XY}	0.276	0.322	0.816	0.826
L_{YY}	3.8897	4.7826	5.6869	5.6869
$\hat{A}$	−72.065	−76.570	−33.035	−38.483
$\hat{B}$	13.790	14.493	5.901	6.641
S_T	3.8897	4.7826	5.6869	5.6869
S_R	3.8122	4.6738	4.8165	5.4863
S_e	0.0774	0.1088	0.8704	0.2006
$\hat{\mu}$	5.226	5.283	5.598	5.795
$\hat{\sigma}$	0.073	0.069	0.169	0.151
F	196.9	214.8	33.20	164.1
r	0.9890	0.9886	0.9303	0.9822
t	14.033	14.655	5.762	12.809

表 5-22　ED 概率模型参数估计和假设检验结果

参数	$S_1 = 467.2\text{MPa}$	$S_2 = 424.3\text{MPa}$	$S_3 = 381.6\text{MPa}$	$S_4 = 339.0\text{MPa}$
$\overline{X}$	1.697	1.936	4.166	6.503
$\overline{Y}$	0.896	0.906	0.915	0.915
L_{XX}	0.312	0.460	15.644	30.903
L_{XY}	0.947	1.294	8.019	11.615
L_{YY}	2.9942	3.7546	4.5391	4.5391
$\hat{B}$	3.034	2.815	0.513	0.376
S_T	2.9942	3.7546	4.5391	4.5391
S_R	2.8743	3.6416	4.1106	4.3656
S_e	0.1200	0.1129	0.4285	0.1735
$\hat{\lambda}$	3.034	2.815	0.513	0.376

参数	$S_1=467.2\text{MPa}$	$S_2=424.3\text{MPa}$	$S_3=381.6\text{MPa}$	$S_4=339.0\text{MPa}$
F	95.83	161.2	57.56	151.0
r	0.9798	0.9850	0.9516	0.9807
t	9.790	12.698	7.587	12.288

表 5-23　2-PWD 概率模型参数估计和假设检验结果

参数	$S_1=467.2\text{MPa}$	$S_2=424.3\text{MPa}$	$S_3=381.6\text{MPa}$	$S_4=339.0\text{MPa}$
$\overline{X}$	0.520	0.652	1.378	1.830
$\overline{Y}$	-0.5006	-0.5081	-0.5141	-0.5141
L_{XX}	0.106	0.118	0.733	0.660
L_{XY}	0.749	0.877	2.143	2.261
L_{YY}	5.6176	6.9711	8.3564	8.3564
$\hat{A}$	-4.167	-5.356	-4.540	-6.787
$\hat{B}$	7.050	7.437	2.922	3.428
S_T	5.6176	6.9711	8.3564	8.3564
S_R	5.2825	6.5240	6.2621	7.7491
S_e	0.3351	0.4472	2.0943	0.6073
$\hat{\beta}$	7.050	7.437	2.922	3.428
$\hat{\eta}/(\times 10^5)$	1.806	2.055	4.729	7.243
F	63.05	72.95	17.94	76.56
r	0.9697	0.9674	0.8657	0.9630
t	7.941	8.541	4.236	8.750

表 5-24　3-PWD 概率模型参数估计和假设检验结果

参数	$S_1=467.2\text{MPa}$	$S_2=424.3\text{MPa}$	$S_3=381.6\text{MPa}$	$S_4=339.0\text{MPa}$
$\overline{X}$	-0.632	-1.150	0.693	0.610
$\overline{Y}$	-0.5006	-0.5081	-0.5141	-0.5141
L_{XX}	1.014	5.054	2.293	10.131
L_{XY}	2.359	5.783	8.356	8.701

参数	$S_1=467.2\text{MPa}$	$S_2=424.3\text{MPa}$	$S_3=381.6\text{MPa}$	$S_4=339.0\text{MPa}$
L_{YY}	5.6176	6.9711	3.9406	8.3564
$\hat{A}$	0.969	0.808	-1.706	-1.038
$\hat{B}$	2.326	1.144	1.719	0.859
S_T	5.6176	6.9711	8.3564	8.3564
S_R	5.4857	6.6173	6.7728	7.4729
S_e	0.1319	0.3539	1.5836	0.8835
$\hat{\beta}$	2.326	1.144	1.719	0.859
$\hat{\eta}/(\times 10^5)$	0.659	0.494	2.698	3.350
$\hat{\gamma}/(\times 10^5)$	1.124	1.517	1.835	3.747
F	166.3	93.50	25.66	50.75
r	0.9882	0.9743	0.9003	0.9457
t	12.897	9.6697	5.066	7.124

分别查 F-分布表、r-分布表和 t-分布表，显著性水平 $\alpha=0.05$ 的临界值见表 5-25。

表 5-25　显著度 $\alpha=0.05$ 的检验临界值

分布	$S_1(n=6)$	$S_2(n=7)$	$S_3(n=8)$	$S_4(n=8)$
$F_{1-0.05}(1,n-2)$	7.71	6.61	5.99	5.99
$r_{0.05}(n-2)$	0.8114	0.7545	0.7067	0.7067
$t_{1-0.025}(n-2)$	2.776	2.571	2.447	2.447

将表 5-25 的检验临界值与各概率模型对应的检验统计量做比较，各概率模型均通过检验，即 LND、ND、ED、2-PWD 和 3-PWD 中任一概率模型都可作为 40Cr 调质齿轮弯曲疲劳失效寿命预测概率模型，因此有必要以疲劳概率模型综合评价方法进行概率模型"选优"。若以 Pearson 线性拟合相关系数 r 作为检验统计量，将概率模型对各试验应力水平上的拟合系数 $r_{i,j}$ 代入式(2-40)，可得疲劳概率模型综合评价系数 $\bar{\rho}_i$ (表 5-26 最后一列)。

表 5-26 疲劳概率模型综合评价系数

模型	$S_1(n=6)$	$S_2(n=7)$	$S_3(n=8)$	$S_4(n=8)$	$\bar{\rho}_i$
ND	0.9854	0.9790	0.8894	0.9490	-0.0301
LND	0.9890	0.9886	0.9303	0.9822	0.0572
ED	0.9798	0.9850	0.9516	0.9807	0.0642
2-PWD	0.9697	0.9674	0.8657	0.9630	-0.0671
3-PWD	0.9882	0.9743	0.9003	0.9457	-0.0245

根据疲劳概率模型综合评价系数 $\bar{\rho}_i$ 可知，对于 40Cr 调质齿轮轮齿弯曲应力疲劳试验失效寿命的分布概率模型综合预测能力排序为 ED、LND、3-PWD、ND、2-PWD。

5.4

40Cr 应力疲劳寿命可靠性曲线

通过对 40Cr 齿轮轮齿弯曲应力疲劳寿命数据[19] 的参数估计、统计检验和概率模型综合评价进行分析，得到该套数据疲劳概率模型综合评价系数分别为 $\bar{\rho}_{ED}=0.0642$ 和 $\bar{\rho}_{LND}=0.0572$，所以疲劳数据描述的最佳概率模型为 ED 和 LND，以 LND 进行应力疲劳寿命可靠性公式的应用说明。

求解中值应力疲劳寿命曲线方程，因疲劳寿命服从 LND，对数疲劳寿命的子样中值作为母体平均值估计量。表 5-27 给出了 40Cr 齿轮轮齿弯曲应力疲劳寿命母体估计量。

表 5-27 应力疲劳寿命母体估计量

项目	$S_1=467.2\text{MPa}$	$S_2=424.3\text{MPa}$	$S_3=381.6\text{MPa}$	$S_4=339.0\text{MPa}$
$\hat{\mu}_{1i}=\lg[N_{50}]_i$	5.226	5.283	5.598	5.795
$\hat{\mu}_{2i}$	0.073	0.069	0.169	0.151
$\lg[N_{99}]_i$	5.056	5.123	5.205	5.443

于是，$50\%-S-N$ 可靠性曲线公式为

$$S^{4.378}N = 1.364 \times 10^{43} \qquad (5-7)$$

应用传统的应力疲劳寿命可靠性曲线估计方法，则 $99\% - S - N$ 可靠性曲线公式为

$$S^{2.712}N = 3.436 \times 10^{27} \qquad (5-8)$$

根据应力疲劳可靠性曲线公式，LND 的 $A_H = 10^{\sigma \Phi^{-1}}(1-p)$、$B_H = 0$，则

$$\lg N = \lg N_p - \lg A_H \qquad (5-9)$$

$$\mu_1 = C_{\mu 1} + D_{\mu 1}\lg S = \lg N_p - (C_{\mu 2} + D_{\mu 2}\lg S)\Phi^{-1}(1-p) \qquad (5-10)$$

若转换为式(3-34) 的形式，则

$$\lg N_p = [C_{\mu 1} + C_{\mu 2}\Phi^{-1}(1-p)] + [D_{\mu 1} + D_{\mu 2}\Phi^{-1}(1-p)]\lg S$$

$$\qquad (5-11)$$

上式代表了应力疲劳寿命服从 LND 时的可靠性公式。将 μ_{1i}、μ_{2i} 分别与 $\lg S_i$ 根据最小二乘法按式（3-59）拟合，得拟合系数 $C_{\mu 1} = 43.135$、$D_{\mu 1} = -4.378$、$C_{\mu 2} = 6.258$、$D_{\mu 2} = -0.714$。将拟合系数代入式(5-11)，可直接得到任意可靠度的公式。因此 $99\%\text{-}S\text{-}N$ 可靠性曲线方程为

$$S^{2.718}N = 3.792 \times 10^{27} \qquad (5-12)$$

将传统方法得到的 $99\%\text{-}S\text{-}N$ 可靠性曲线公式与式(5-12) 比较，两者非常接近。这说明本书介绍的方法较为合理，应用应力疲劳寿命可靠性分析公式可得到任意可靠度下的疲劳寿命方程，分析过程简单并具有一定的精度。

5.5
2A12 参数估计及概率模型综合评价

5.5.1
应力疲劳寿命的参数估计

为了分析 2A12 高强铝合金的疲劳可靠性关系，文献［21］提供

了 2A12 高强铝合金光滑板试件疲劳试验的 3 组疲劳失效寿命数据，对 3 组疲劳寿命数据进行参数估计，可靠度估计量采用中位秩，见式(2-2)。疲劳失效寿命数据及其可靠度估计量如表 5-28 所示。由于应力 199MPa 时寿命数据中有重复数据，因此需要对数据进行排序，处理时按照有结数据（相同的数据点组成一个"结"）的秩代替数据构造统计量进行统计推断，得到表 5-28 中可靠度估计量。

表 5-28　LY12 铝合金光滑板试件疲劳寿命（$\times 10^3$）

序号	$S_1 = 199$MPa		$S_2 = 166$MPa		$S_3 = 141.2$MPa	
	寿命	可靠度	寿命	可靠度	寿命	可靠度
1	82.4	0.884615385	123.88	0.932692308	211.35	0.932692308
2	82.4	0.884615385	133.98	0.836538462	229.09	0.836538462
3	84.92	0.740384615	134.9	0.740384615	272.27	0.740384615
4	92.05	0.596153846	138.04	0.644230769	276.06	0.644230769
5	92.05	0.596153846	139.96	0.548076923	295.12	0.548076923
6	95.94	0.403846154	146.89	0.451923077	295.8	0.451923077
7	95.94	0.403846154	154.17	0.355769231	316.96	0.355769231
8	99.08	0.259615385	159.96	0.259615385	354	0.259615385
9	106.91	0.163461538	165.96	0.163461538	381.94	0.163461538
10	115.61	0.067307692	177.01	0.067307692	409.26	0.067307692

以 3-PWD 对 2A12 高强铝合金光滑板试件疲劳失效寿命的各组数据进行分析，得到的估计值列入表 5-29 中。以 D_n-拟合检验法对上述各应力水平下的分布概率模型进行假设检验，均可通过检验。

表 5-29　各应力水平下 3-PWD 参数估计结果

应力水平 S/MPa	$\hat{M}_0/(\times 10^5)$	$\hat{A}$	$\hat{B}$	$\hat{\beta}$	$\hat{\eta}/(\times 10^5)$	$\hat{\gamma}/(\times 10^5)$
$S_1 = 199$	96.7000	0.0739	0.0010	1.5778	21.3509	75.3491
$S_2 = 166$	153.3000	0.0524	0.0007	2.0403	38.9371	114.3629
$S_3 = 141.2$	314.3000	0.0129	0.0001	2.8082	217.4422	96.8578

5.5.2
应力疲劳寿命的疲劳概率模型综合评价

然而，要弄清其他疲劳概率模型是否也适合描述这些失效寿命数据，以及各概率模型的描述是否会更优，就有必要进行 2A12 光滑板试件疲劳寿命的疲劳概率模型综合评价。对疲劳概率模型非线性方程进行回归线性化，各概率模型的参数估计和假设检验有关参数计算结果如表 5-30～表 5-34 所示。

表 5-30　ND 概率模型参数估计和假设检验结果

参数	$S_1 = 199\text{MPa}$	$S_2 = 166\text{MPa}$	$S_3 = 141.2\text{MPa}$
$\overline{X}$	94.7300	147.4750	304.1850
L_{XX}	1020.8362	2457.5160	35950.9921
L_{XY}	83.7523	133.7951	513.8301
L_{YY}	7.1389	7.5325	7.5325
$\hat{A}$	−7.7639	−8.0290	−4.3476
$\hat{B}$	0.0820	0.0544	0.0143
S_T	7.1389	7.5325	7.5325
S_R	6.8641	7.2727	7.3516
S_e	0.2748	0.2599	0.1809
$\hat{\mu}$	94.6817	147.5919	304.0280
$\hat{\sigma}$	12.1951	18.3824	69.9301
F	199.8158	223.9029	325.0998
r	0.9811	0.9834	0.9874
t	14.1356	14.9634	18.0305

表 5-31　LND 概率模型参数估计和假设检验结果

参数	$S_1 = 199\text{MPa}$	$S_2 = 166\text{MPa}$	$S_3 = 141.2\text{MPa}$
$\overline{X}$	1.9741	2.1663	2.4746
L_{XX}	0.0205	0.0208	0.0749

参数	$S_1 = 199\text{MPa}$	$S_2 = 166\text{MPa}$	$S_3 = 141.2\text{MPa}$
L_{XY}	0.3782	0.3910	0.7428
L_{YY}	7.1389	7.5325	7.5325
$\hat{A}$	-36.3630	-40.7503	-24.5452
$\hat{B}$	18.4242	18.8110	9.9189
S_T	7.1389	7.5325	7.5325
S_R	6.9678	7.3553	7.3678
S_e	0.1712	0.1772	0.1647
$\hat{\mu}$	1.9737	2.1663	2.4746
$\hat{\sigma}$	0.0543	0.0532	0.1008
F	325.6668	332.0706	357.7910
r	0.9879	0.9882	0.9890
t	18.0462	18.2228	18.9154

表 5-32　ED 概率模型参数估计和假设检验结果

参数	$S_1 = 199\text{MPa}$	$S_2 = 166\text{MPa}$	$S_3 = 141.2\text{MPa}$
$\overline{X}$	94.7300	147.4750	304.1850
$\overline{Y}$	0.9252	0.9276	0.9276
L_{XX}	1020.8362	2457.5160	35950.9921
L_{XY}	77.7208	119.9714	450.8128
L_{YY}	6.1208	6.1579	6.1579
$\hat{B}$	0.0761	0.0488	0.0125
S_T	6.1208	6.1579	6.1579
S_R	5.9172	5.8568	5.6530
S_e	0.2035	0.3011	0.5048
$\hat{\lambda}$	0.0761	0.0488	0.0125
F	232.5774	155.6109	89.5808
r	0.9832	0.9752	0.9581
t	15.2505	12.4744	9.4647

表 5-33　2-PWD 概率模型参数估计和假设检验结果

参数	$S_1 = 199\text{MPa}$	$S_2 = 166\text{MPa}$	$S_3 = 141.2\text{MPa}$
$\overline{X}$	4.5455	4.9881	5.6980
$\overline{Y}$	-0.5028	-0.5231	-0.5231
L_{XX}	0.1088	0.1102	0.3971
L_{XY}	1.0073	1.0668	2.0671
L_{YY}	10.0425	11.1896	11.1896
$\hat{A}$	-42.5785	-48.8114	-30.1380
$\hat{B}$	9.2566	9.6807	5.2053
S_T	10.0425	11.1896	11.1896
S_R	9.3239	10.3278	10.7600
S_e	0.7186	0.8618	0.4296
$\hat{\beta}$	9.2566	9.6807	5.2053
$\hat{\eta}$	99.4643	154.8002	326.9699
F	103.7993	95.8743	200.3902
r	0.9636	0.9607	0.9806
t	10.1882	9.7915	14.1559

表 5-34　2-PWD 概率模型参数估计和假设检验结果

参数	$S_1 = 199\text{MPa}$	$S_2 = 166\text{MPa}$	$S_3 = 141.2\text{MPa}$
$\overline{X}$	103.9940	273.8590	3687.2970
$\overline{Y}$	0.9260	0.9270	0.9270
$\hat{A}$	0.0739	0.0524	0.0129
$\hat{B}$	0.0010	0.0007	0.0001
S_T	6.1296	0.9961	6.1612
S_R	6.0429	6.1132	6.0409
S_e	0.0768	0.0438	0.1133
$\hat{\beta}$	1.5778	2.0403	2.8082
$\hat{\eta}$	21.3509	38.9371	217.4422

参数	$S_1=199\text{MPa}$	$S_2=166\text{MPa}$	$S_3=141.2\text{MPa}$
$\hat{\gamma}$	75.3491	114.3629	96.8578
F	275.3894	488.5583	186.6262
r	0.9929	0.9961	0.9902
t	21.9810	30.7320	19.0000

分别查 F-分布表、r-分布表和 t-分布表，显著性水平 $\alpha=0.05$ 的临界值分别见表 5-35。

表 5-35　显著度 $\alpha=0.05$ 检验临界值

分布	$S_1(n=7)$	$S_2(n=10)$	$S_3(n=10)$
$F_{1-0.05}(1,n-2)$	6.6080	5.3180	5.3180
$r_{0.05}(n-2)$	0.7545	0.6319	0.6319
$t_{1-0.025}(n-2)$	2.5710	2.3060	2.3060

将表 5-35 的检验临界值与概率模型对应的检验统计量做比较，各概率模型均通过检验，即 LND、ND、ED、2-PWD 和 3-PWD 中任一概率模型都可作为 2A12 高强铝合金光滑板试件失效寿命预测概率模型，因此需以疲劳概率模型综合评价方法进行概率模型"选优"。若以 Pearson 线性拟合相关系数 r 作为检验统计量，将概率模型对各试验应力水平上的拟合系数 $r_{i,j}$ 代入式(2-40)，可得疲劳概率模型综合评价系数 $\bar{\rho}_i$（表 5-36）。

表 5-36　疲劳概率模型综合评价系数

模型	$S_1(n=7)$	$S_2(n=10)$	$S_3(n=10)$	$\bar{\rho}_i$
ND	0.9811	0.9834	0.9874	0.0083
LND	0.9879	0.9882	0.9890	0.0216
ED	0.9832	0.9752	0.9581	-0.0269
2-PWD	0.9636	0.9607	0.9806	-0.0386
3-PWD	0.9929	0.9961	0.9902	0.0357

根据疲劳概率模型综合评价系数 $\bar{\rho}_i$ 可知，对于 2A12 高强铝合金光滑板试件疲劳试验失效寿命的分布概率模型综合预测能力排序为

3-PWD、LND、ND、ED、2-PWD。

5.6
本章小结

① 根据 42CrMo 硬齿面齿轮轮齿弯曲应力疲劳试验的疲劳失效寿命数据，首先完成 4 组疲劳寿命数据的参数估计，可以求出各应力水平下的 3-PWD 参数估计结果。应用疲劳概率模型综合评价进行应力疲劳寿命的概率模型预测，以 Pearson 线性拟合相关系数 r 作为检验统计量，得出最佳拟合效果为 3-PWD 的结论，并使用 3-PWD 参数得到任意可靠度的 S-N 公式及曲线。

② 根据 42CrMo 材料应变疲劳试验的循环应力幅数据，应用疲劳概率模型二项式系数拟合方法对 6 组应变水平下的循环应力幅分别进行分布概率模型参数估计和假设检验。由于各概率模型均可通过检验，利用疲劳概率模型综合评价方法可知最佳拟合效果为 LND，得到 50% 可靠度和 99% 可靠度下的循环应力应变关系曲线方程，反映出 42CrMo 材料在应变疲劳条件下的真实应力应变特性。

③ 以 40Cr 齿轮弯曲疲劳强度的失效寿命数据进行疲劳概率模型综合评价，得到其失效寿命描述的最佳概率模型为 ED 和 LND，得到 99% 可靠度下的应力疲劳寿命可靠性公式。通过与传统方法得到的 99%−S−N 可靠性曲线公式比较，发现应用疲劳概率模型综合评价方法分析，过程简单并具有较高的精度。

④ 根据 2A12 高强铝合金光滑板试件疲劳试验的 3 组疲劳失效寿命数据进行疲劳概率模型综合评价，可知失效寿命的分布概率模型综合预测能力排序为 3-PWD、LND、ND、ED、2-PWD。

附录
物理量名称及符号表

A_k——冲击功

b——疲劳强度指数，齿轮齿宽

c——疲劳延性指数

D_n——Колмогоров 距离

E——Young's 模量

F——F 分布统计量

$F(x)$——失效分布函数

$F_n(x)$——经验分布函数

K'——循环强度系数

m——齿轮模数，损伤量阶次

M_e——子样中值疲劳寿命

n'——循环应变硬化指数

N——以循环次数计的疲劳寿命

$2N_f$——以反复次数计的疲劳寿命

N_{50}——母体平均值疲劳寿命

N_p——具有可靠度 p 的疲劳寿命

p——可靠度；

$\hat{p}$——可靠度估计量

r——r 分布统计量

R——应力比

S——应力

t——t 分布统计量

u_p——标准正态偏量

x——随机变量

Z——齿轮齿数

α——显著性水平，齿轮压力角

σ——应力，正态母体标准差

σ^2——母体方差

$\hat{\sigma}^2$——母体方差估计量

σ_b——强度极限

σ'_f——疲劳强度系数

σ_s——屈服极限

β——Weibull 分布形状参数

λ——指数分布系数

γ——Weibull 分布位置参数

η——Weibull 分布尺度参数

μ——正态分布母体均值

$\hat{\mu}$——概率模型分布函数的阶矩

u_p——标准正态偏量

δ_5——延伸率

ψ——断面收缩率

$\Phi(\cdot)$——标准正态概率密度函数

ξ——随机变量

ε'_f——疲劳延性系数

ε^t——轴向总应变

ε^e——弹性应变分量

ε^p——塑性应变分量

参考文献

[1] Suresh S. 材料的疲劳：第 2 版 [M]. 王中光，译. 北京：国防工业出版社，1999.

[2] 高镇同，熊峻江. 疲劳可靠性 [M]. 北京：北京航空航天大学出版社，2000.

[3] Marvin Rausand. 系统可靠性理论：模型、统计方法及应用（第 2 版）[M]. 郭强，王秋芳，刘树林，译. 北京：国防工业出版社. 2010.

[4] 王嘉军，裴未迟，纪宏超，等. 基于 42CrMo 齿轮的弯曲疲劳试验研究 [J]. 机械强度，2023，45（2）：474-480.

[5] 祁倩. 42CrMo 调质及表面淬火齿轮齿根弯曲应力的研究 [D]. 郑州：机械科学研究总院，2010：8-9.

[6] Bonaiti L，Bayoumi A，Concli F，et al. Gear root bending strength：A comparison between single tooth bending fatigue tests and meshing gears [J]. Journal of Mechanical Design，2021：1-17.

[7] 张亦波，陈迪，成正强，等. 铝合金薄板冲击后疲劳试验与谱载寿命 [J]. 航空学报，42（1）：224811-1-14.

[8] 孙荣恒. 应用数理统计 [M]. 北京：科学出版社，2014；

[9] 刘强，王琳. 应用数理统计 [M]. 北京：电子工业出版社，2017.

[10] 魏宗舒. 概率论与数理统计教程（第 3 版）[M]. 北京：高等教育出版社，2020.

[11] 熊峻江. 疲劳断裂可靠性工程学 [M]. 北京：国防出版社，2008.

[12] 蒋仁言. 威布尔模型族：特性、参数估计和应用 [M]. 北京：科学出版社，1998.

[13] 高镇同，蒋新桐，熊峻江. 疲劳性能试验设计和数据处理 [M]. 北京：北京航空航天大学出版社，1999.

[14] Manson S S. A complex subject-some simple approximations [J]. Journal of Experiment Mechanics，1965（57）：93-226.

[15] 航空工业部科学技术委员会. 应变疲劳分析手册 [M]. 北京：科学出版社，1987.

[16] 熊峻江. 飞行器结构疲劳与寿命设计 [M]. 北京：北京航空航天大学出版社，2004.

[17] 郑钰琪，王三民，王燕平. 某型汽车起重机起重臂的应力和应变疲劳寿命预估 [J]. 机械强度. 2013，35（6）：850-854.

[18] 徐桂芳，余震，董浩明，等. 起重机主梁的应变疲劳寿命估算 [J]. 机电工程. 2015，32（2）：237-239.

[19] 卢梅，陶晋，史铁军，等. 25Cr2MoV 气体渗氮齿轮弯曲疲劳强度的试验研究 [J]. 机械传动. 2000，24（4）：27-28.

[20] 陶晋，王小群，谈嘉祯. 40Cr 调质齿轮弯曲强度可靠性试验研究 [J]. 北京科技大学学报. 1997，19（5）：482-484.

[21] 凌丹. 威布尔分布模型及其在机械可靠性中的应用研究 [D]. 成都：电子科技大学，2011.